이런 물리라면 포기하지 않을 텐데

이런 물리라면 포기하지 않을 텐데

광쌤의 쉽고 명쾌한 물리학 수업

1판 1쇄 펴낸 날 2021년 12월 15일

지은이 이광조
주 간 안정희
편 집 윤대호, 채선희, 이승미, 윤성하, 이상현
디자인 김수인, 이가영, 김현주
마케팅 함정윤, 김희진

펴낸이 박윤태
펴낸곳 보누스
등 록 2001년 8월 17일 제313-2002-179호
주 소 서울시 마포구 동교로12안길 31 보누스 4층
전 화 02-333-3114
팩 스 02-3143-3254
이메일 bonus@bonusbook.co.kr

ⓒ 이광조, 2021

ISBN 978-89-6494-530-8 03420

광쌤의 쉽고 명쾌한 물리학 수업

이런 물리라면 포기하지 않을 텐데

이광조 지음

보누스

암기 위주의 주입식 학교 영어 교육은 10년을 넘게 배워도 기본적인 대화조차 불가능한 경우가 많다. 물론 문법과 독해는 중요하다. 하지만 영어 교육의 목표가 영문학자를 키우는 것이 아닌 만큼, 가장 기본적인 대화도 제대로 하지 못한다는 것은 교육 과정의 근본적인 문제라고 많은 이들이 입을 모은다.

이 책에서 다루는 물리 역시 영어보다 더하면 더했지 덜하지 않을 것이다. 심하면 물리학에 트라우마가 생기고, 물리라는 단어만 보면 지레 겁부터 먹는 학생도 많다. 하지만 조금씩 변화와 발전의 기미가 보이는 영어와 달리 물리 교육은 기본적인 문제 의식조차 없는 사람이 대부분이다. 과목을 막론한 주입식 암기 교육의 거센 비판 속에서도, 여전히 물리만은 공식을 암기하고 대입해 문제를 풀어내는 것이 당연한 과목처럼 여겨지고 있다. 물리는 원래부터 일상과 동떨어져 있는 학문이어서일까? 아니면 도무지 쉽게 이해할 수 있는 방법이 없기 때문에 현상 유지가 최선이기 때문일까?

내가 중고등학교에 다닐 때만 해도 물리학은 인간의 이상과 낭만, 그리고 도전의 학문이었다. 지금의 학생들은 믿을 수 없겠지만 매년 대학 입시에서 최고 성적을 올린 학생들의 1지망 전공은 물리학과였다. 나 역시 당시 물리학에 매력을 느꼈고 물리학으로 무언가를 해내고 싶은 마음에 물리학과에 진학했다. 그러나 물리학에 대한 열정이 깨지는 데까지는 그리 오랜 시간이 걸리지 않았다. 중고등학교와 마찬가지로 대학교 물리학과 교수님들의 수업 역시 늘 공식 유도와 암기뿐이었다. 회의감이 들었다. 도서관 옥상에 올라가 먼 하늘을 보면서 허망함을 달래는 것이 대학 생활의 일상이었다.

그렇게 물리학이라는 학문에 열정을 잃어갈 즈음, 수리물리학 시험에서 작은 사건이 일어났다. 박사 과정 조교님이 지금까지 수리물리학 채점을 하면서 만점을 받은 학생은 처음이라며 수업을 듣는 모든 이들 앞에서 내 이름을 호명했다. 1점이라도 감점을 하려 했으나 너무 완벽해서 만점을 줄 수밖에 없다고 했다. 물리 전공 수업 중에서도 어려운 분야라 재수강이 필수처럼 여겨졌던 수리물리 전공 시험에서 재수강 선배들과 재학생들을 모두 제치고 학과 1등을 한 것이다. 동료들이 나를 '아프켄 리'라고 장난스럽게 불렀다.(수리물리학 전공서의 저자가 아프켄Arfken이었다.) 그러나 전혀 기뻐할 수 없었다. 어이가 없었다는 것이 더 정확한 표현이겠다. 왜냐하면 나는 수리물리학에 대해 제대로 아는 것이 없는 상태였으니까.

이해는 전혀 안 되지만, 시험을 봐야 하니 무조건 통째로 암기했던 것이다. 아는 것이 없는 상태에서 한순간에 그 분야를 가장 잘 아는 학생이 되어 있었다. 이러한 모순을 직접 경험하다 보니 문득 한 가지 생각이 떠올랐다. 뉴턴이나 아인슈타인도 이렇게 암기와 문제 풀이를 반복하며 물리를 공부해서 그렇게 탁월한 재능을 보였던 걸까? 그렇다면 이들에게 '천재'라는 칭호가 과연 어울리는 것일까? 그냥 암기왕으로 부르는 게 더 정확한 것은 아닐까? 그동안 품고 있던 생각은 확신으로 바뀌었다.

'그들은 분명, 이렇게 물리를 공부하지 않았다!'

이때 운명처럼 눈에 들어온 것이 바로 주기율표였다. 중고등학교 때야 선생님들이 무조건 외우라고 해서 주기율표를 암기했지만, 대학에 와서 주기율표의 의미를 고민하다 보니 알게 된 암기 교육의 실체는 너무도 처참했다. 주기율표는 표만 볼 수 있으면 마치 마법처럼 모든 화합물의 원자 구성을 맞출 수 있는 만능 도구다. 이렇게 유용하고 위대한 표를 무작정 암기부터 시킨 것이다. 보물의 위치를 기록한 보물 지도가 버젓이 있음에도 불구하고 지도 보는 법보다 지도 자체를 외우는 것을 우선시한 것이다. 멘델레예프와 모즐리는 자신이 만든 주기율표를 학생들에게 반강제적으로 암기시키는 현실을 상상이나 했을까? 자신의 젊음과 열정, 고뇌와 노력의 결과물인 주기율표를 세상에 공표한 이유는 자신의 고생을 발판삼아 후배들이 쉽고 빠르게 화합물이 구성되는 원리를 이해하고, 다른 새로운 것에 시간과 노력을 기울이라는 따뜻한 배려였을 것이다.

그러나 아쉽게도 인류의 보물인 주기율표는 본래의 취지와 다르게 학생들에게 고통의 상징이 되어왔다. 포털 사이트에 '주기율표'를 검색하면 연관 검색어에 '주기율표 암기 방법'이 자동완성 단어로 뜬다. 어쩌다 이 지경이 되었을까? 이는 오래전 어느 교육 전문가가 과학자의 연구 업적과 성과를 본래 취지와 다르게 교육했고, 배우는 사람들 역시 교육 권위자의 가르침을 그대로 받아들였기 때문일 것이다. 그렇게 배운 이들이 성장하고 새로운 후배들을 교육할 위치에 올랐을 때, 그들 역시 아무런 비판 의식 없이 같은 방법으로 계속 가르쳤을 것이다. 이와 다른 방식의 가르침은 권위에 대한 도전이자 정통성의 훼손이었을 테니까. 오늘날까지 전해 내려오는 주입식 과학 교육의 역사는 이러한 반복이 굳어진 결과다. 아니라고 부인하고 싶을지 모르지만 사람은 배운 그대로 생각하고 행동한다. 따라서 배움을 벗어나 달리 생각하는 일은 결코 쉬운 일이 아니다. 그렇기 때문에 교육이 중요한 것이다.

문득 교과서에 자신의 작품을 빼달라고 한 어느 소설 작가의 이야기가 떠오른다. 자신의 집필 의도와 취지가 다른 이들에 의해 왜곡되는 것을 참기 힘들었을 것이다. 물리 역시 마찬가지다. 리처드 파인만 박사가 브라질의 암기식 물리 교육을 적나라하게 비판했던 일화는 너무도 유명하다. 이는 비단 브라질의 문제만은 아닐 것이다.

학문이라는 지식 체계는 결국 사람들이 세운 것이고 선배들이 축적해 놓은 약속을 후배들이 익히는 것이다. 이 과정에서 새로운 시도가 당연히 이루어져야 한다. 이러한 결론에 도달하자, 이미 알고 있다고 생각한 물리 내용을 처음부터 하나하나씩 새롭게 이해해 '진짜 내 것으로' 만들어 나갔다. 물리는 이렇게 공부해야 한다는 경직된 사고는 애당초 존재할 필요가 없다. 물리 자체가 중요한 것이 아니라 이해를 하는 주체인 본인이 가장 중요하기 때문이다.

조각 피자로 지구 둘레 구하기, 광전 효과 심부름 모형, 전력 손실 은행 환전 모형, 전기 회로 깡패의 상도덕 모형, 돈 계산과 동일한 등가속도 운동 공식 만들기, 스펙트럼 뷔페 모형, 계단의 원리 등 '이해'에 초점을 맞춘 나만의 방식으로 접근하자 물리학 이론이 의미하는 본질에 보다 가깝게 다가가는 느낌을 받을 수 있었다. 물리 공부의 즐거움을 처음으로 느낀 것이다. 이 책은 필자의 물리학 이해 과정과 방법을 고스란히 담고 있다.

학교뿐 아니라 EBS, 유튜브 채널 '광쌤' 등 다양한 경로를 통해 물리학 수업을 한 지도 벌써 18년이 되었다. 이 책은 지금까지 달려온 교직 인생의 전환점이며 정리의 의미를 지니고 있다. 표현할 때 어려운 단위의 생략, 과감한 가정, 어림을 통한 설명은 물리학의 정통성이나 정확성을 중시하는 이들에게는 불편한 요인이 될 수 있겠지만, 모든 설명은 내용 자체와 본질을 가장 쉽게 이해하는 데 그 목적이 있다.

물리학은 그 어떤 학문보다도 우려먹기가 심한 학문이다. 자연이 그만큼 단순하고 뻔하다. 따라서 초기 물리학자들의 약속인 언어(물리적 표현 방법), 그리고 이 표현의 관계를 나타내기 위한 약간의 수학적 기술(평균, 삼각함수) 정도만 잘 견뎌내면 생각보다 훨씬 쉽게 물리학에 접근할 수 있다. 제대로 공부해보지도 않고 주변 사람들의 말만 듣고 처음부터 너무 주눅이 들어 있었던 것은 아닌지, 아니면 내가 수리물리학 만점을 받은 황당한 일화처럼 암기만으로 물리에 접근하려 한 것은 아닌지 다시 생각해보자. 이 책이 물리학에 트라우마를 가진 여러분의 고민을 없애주고, 나아가 물리 공부의 진짜 재미를 처음으로 깨닫는 계기가 되었으면 좋겠다.

2장 물리학의 성격과 도구

3장 뉴턴이 세운 물리학의 기둥 : 운동 3법칙

4장 F=ma의 주인공, 힘의 여러 가지 모습

5장 어려운 물리 쉽게 이해하기 : 물리 문제 해결 실전

6장 2차원 운동 분석하기

1장

물리학자의 생각 속으로

말과 글보다 쉬운 물리학의 표현

양, 숫자, 물리량

    엄청난 폭발Big Bang과 함께 세상이 만들어졌다고 한다. 실로 극적이 아닐 수 없다. 빅뱅 이후 엄청난 시간이 흐른 뒤에야 인간이 태어났다. 인간이 존재하지 않았을 때도 세상은 잘만 돌아가고 있었다는 말이다. 인간은 태어나자마자 '오지랖'의 동물이 되어 다양한 방면으로 오지랖을 펼쳐나갔고, 어떤 이들은 그 대상을 자연에 두었다. 이들 중 똑똑한 몇몇은 오지랖의 깊이와 능력을 꽤나 그럴듯하게 펼쳐냈다. 이렇게 자연을 대상으

로 한 오지랖 분야를 물리학이라고 불렀으며, 이 분야를 연구하는 사람은 물리학자가 되었다. 이제 이들의 이야기에 귀 기울여보려고 한다. 우리가 물리학의 이야기를 들으려면 그들이 자연을 어떻게 바라보는지 알아야 한다.

물리학자들이 자연을 보는 가장 기본적인 방법은 '양'과 '질'이다. 이 중에서도 가장 근본이 되는 것은 양이다. 양을 먼저 해결해야 질을 따져볼 수 있다.

양은 본능적으로 접근이 가능하다. 숲길을 걷다 곰과 토끼를 만났다고 가정해보자. 이 두 동물의 구체적인 특성을 몰라도 누구나 곰을 더 두려워할 것이다. 이는 위협이 되는 요소를 각 동물의 덩치(양)로 판단한 것으로 다분히 본능적이고 직관적이다. 이러한 물체의 양을 **질량**(m)이라고 한다. 더 정확히 표현하면 질량은 '물체를 구성하는 원자들의 양'이다.

그렇다면 이 양을 표현하는 방법은 무엇일까? 세상에 있는 모든 것의 양을 단순히 크다/작다 또는 많다/적다라고만 표현할 수는 없을 것이다. 물리학자들은 세상의 모든 양을 표현하는 방법으로 숫자를 선택했다. 양을 숫자로 표현하는 순간 **직관성과 객관성**이 살아나면서 명확해진다. 이렇게 양을 숫자로 표현하는 과정을 거치면 물리학 표현의 90%는 완성된 것이다.

양은 숫자만으로도 충분히 표현해낼 수 있다. 그러나 양을 단순히 숫자로만 표시한다면 크기 비교만 가능할 뿐, 이 숫자가 의미하는 것이 무엇인지는 알 수가 없다. 따라서 무엇을 의미하는 양인지 이름을 붙이기로 했다. 이것을 물리에서 사용하는 양, 줄여 **물리량**이라고 한다. 지금까지의 내용을 정리해보자.

① 물리학은 대상을 '양'으로 표현한다.

② 양의 많고 적음은 숫자를 이용한다.

③ 숫자 앞에 이름(물리량)을 써서 대상을 명확히 한다.

양의 표현

① 적다.   ② 많다.

②가 ①보다 더 많은 양이라는 것은 알겠지만, 얼마나 더 많은지는 구체적이지 않다.

① 1,000   ② 50,000

양의 많고 적음을 숫자로 표현해 얼마나 더 많은지 명확해졌지만, 여전히 이 숫자가 무엇을 나타내는 양인지 알 수 없다. 숫자 앞에 어떤 양인지 이름을 붙여보자.

① 돈의 양 1,000   ② 돈의 양 50,000

'돈의 양'은 물리학에서 말하는 '물리량'에 해당한다. 숫자로 나타낸 양이 무엇인지 보여주는 역할이다.

① 돈＝1,000   ② 돈＝50,000

물리학은 말로 길게 설명하는 것을 싫어한다. 그래서 '～의 양'이라는 서술적 표현 대신 기호(＝)를 사용해 나타낸다. 더욱 간결해진 것은 물론 이제 양들끼리의 계산도 가능하다.

숫자를 줄이는 물리학의 기술

단위

물리학 표현은 얼핏 보면 아는 사람들끼리만 이해할 수 있도록 어렵게 꼬아놓은 것처럼 보인다. 그러나 막상 그 뜻을 알고 보면 웬만한 일반 용어보다 훨씬 직관적이며 간결하다. 앞서 살펴본 것처럼 '돈의 양 1,000'을 '돈=1,000'으로, 불필요한 서술은 줄이는 대신 물리량과 숫자를 사용해 간단히 표현할 수 있다. 다만 물리학의 태생은 유럽이므로 보통은 한글이 아닌 라틴어나 영어를 기반으로 한다. 즉 '돈'을 영어인 Money로, 나아가 이를 더 축약해 앞글자(M)만 따서 사용한다. 돈=1,000을 M=1,000으로 표현한 것뿐인데 우리는 이것을 어렵다고 느끼는 것이다.

양으로 표현하고자 하는 것의 이름(물리량)을 먼저 쓰고 양의 크기를 숫자로 나타내는 것이 물리학 표현의 전부다. 그런데 양을 표현하다 보면 매우 큰 양이나 매우 작은 양을 나타내야 할 때가 있다. 이를 숫자 그대로 쓰면 직관성이 훼손된다.

① M=100,000,000원

② M=1억 원

①과 ② 중 어느 것이 한눈에 들어오는가? 당연히 ②다. 둘 다 똑같은 양을 표현하고 있지만, ②는 단번에 규모 파악이 가능하다. 숫자 대신 '억'이라는 표현을 통해 숫자를 단순화했기 때문이다. 따라서 물리학자들은 숫자를 간략히 하는 방법으로 **단위**(측정 규모 scale)를 고안했다. 앞선 예처럼 적절한 단위를 사용하면 적은 양의 숫자로도 표현을 훨씬 간결하게 할 수 있다.

단, 단위의 이름이나 기준이 사람마다 다르면 사용할 수가 없으므로 물리학에서는 **국제 표준 단위**SI Unit를 정했다. 우리가 흔히 사용하는 질량(kg. 킬로그램), 길이(m. 미터), 시간(s. 초), 온도(K. 켈빈), 전류(A. 암페어) 등이다. 이 중 가장 간결하게 나타낼 수 있는 단위를 사용하면 된다. 예를 들어 180cm는 국제 표준 단위를 사용해 1.8m로 나타낸다. 0.0018km와 같이 숫자를 더 복잡하게 하지 않는다.

그러나 표준 단위를 사용해도 표현해야 할 숫자가 너무 많거나 적을 수 있다. 앞서 100,000,000원의 예시를 들었는데, 이때는 100,000,000원 대신 10^8원으로 표기해 옆으로 나열된 0의 개수를 줄여 시각적 스트레스를 줄인다. 즉 0의 개수를 숫자로 만들어 지수 형태로 표현하는 것이다. 같은 방식으로 0.00000001의 경우는 10^{-8}로 표현한다. 정리하면, 단위는 표현할 양의 적정 규모를 나타내며 숫자 표기를 효율적으로 할 수 있도록 만들어준다.

단위를 사용하는 이유

4개월 신생아의 삶과 환갑(60세)이 된 어르신의 삶을 양으로 표현해보자.

① 나이 = 4개월
② 나이 = 720개월

②의 경우 숫자가 커져 규모를 한 번에 파악하기 어렵다. 따라서 단위를 바꿔 숫자의 크기를 줄인다.

나이 = 720개월 → 나이 = 60세

그러나 ①의 경우 삶의 양으로 단위 '세'를 쓰면 ① 0.333333세가 되므로 이 역시 불편하다. 이런 경우 '개월'을 그대로 사용하는 것이 좋겠다.

이제 완벽한 물리적 표현으로 바꿔보자.

① $A = 4mo$ ② $A = 60yrs$

물리량 A는 나이를 의미하는 Ages의 앞글자만, 각각의 단위는 month, years를 줄여서 표현한 것이다. 모든 물리학 표현은 이런 방식으로 정해진다. 알파벳과 기호가 나온다고 해서 두려워할 필요가 없다.

물리학 표현 연습

이름 : 아인슈타인	$N(ame) = $ Albert Einstein
나이 : 25세	$A(ges) = 25$yrs
키 : 175cm	$H(eight) = 1.75$m
몸무게 : 72kgf	$W(eight) = 72$kgf

$$m = 10\text{kg},\ s = 47\text{m},\ t = 8\text{s},\ T = 27\text{K},\ I = 1.5\text{A},\ R = 20\Omega \cdots$$

위 예시처럼 물리학에서 볼 수 있는 표현들은 단지 양을 나타낸 것에 지나지 않는다. 마치 영어나 중국어를 배우듯 물리학의 언어를 단 10분 만에 끝낸 셈이다.

악보를 볼 줄 몰라도 누구나 음악을 감상하거나 노래방에서 즐겁게 노래를 부를 수 있다. 물리도 마찬가지다. 물리적 표현을 몰라도 물리학의 연구 대상인 자연은 이해할 수 있다. 이제 물리학 언어의 실체까지 알게 되었으니 음악을 즐기는 것을 넘어 악보마저도 볼 수 있게 된 것이다. 물리학의 언어는 여러분이 생각하는 것만큼 결코 어렵지 않다.

기원전의 물리학은 어땠을까?

에라토스테네스의 지구 둘레 구하기 ①

학교 과학 교과서에는 에라토스테네스가 지구 둘레를 측정하는 내용이 나온다. 기원전 그리스에서는 어떻게 지구 둘레를 쟀는지, 아래에 있는 측정 과정을 살펴보자.

약 2,300년 전 그리스의 에라토스테네스는 지구의 둘레를 최초로 측정해냈다. 에라토스테네스는 하짓날 정오에 시에네와 알렉산드리아에서 태양의 남중 고도가 다르다는 사실을 이용해 지구 둘레를 측정했다.

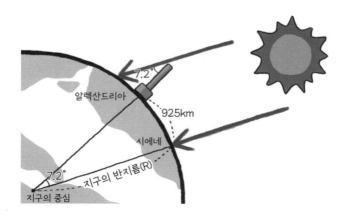

1. 측정 과정

① 막대와 그림자 끝이 이루는 각 = 두 지역 사이의 중심각(7.2˚)

② 시에네와 알렉산드리아의 거리 = 약 925km

③ 360˚: 지구의 둘레(2πR) = 7.2˚: 925km

→ 지구의 둘레: $2\pi R = \dfrac{360˚}{7.2˚} \times 925km = 46,250km$

2. 지구 둘레를 측정하기 위한 2가지 가정

① 지구는 완전한 구형

② 지구로 들어오는 태양 빛은 평행

3. 에라토스테네스가 구한 지구의 둘레

약 46,250km로, 실제 지구 둘레인 약 40,000km보다 크게 측정되는 오차가 발생했다.

　　인간으로는 상상하기 힘든 지구의 둘레를 아주 오래전에, 그것도 매우 비슷하게 측정했다는 것은 실로 놀라운 일이 아닐 수 없다. 하지만 이 쉬운 내용을 누가 봐도 알아듣기 힘들게 표현한 교과서가 더 놀라울 뿐이다. 본질을 파악하면 위에 복잡하게 설명된 에라토스테네스의 아이디어를 매우 쉽게 이해할 수 있다.

피자 조각이 주어졌다고 가정해보자. 이 피자 조각을 이용하면 피자 한 판의 둘레를 구할 수 있다. 주어진 피자 조각의 테두리 길이를 자로 재었더니 10cm였다고 하자. 그다음 이 조각 몇 개가 모였을 때 한 판이 되는지 생각해본다. 만약 피자 조각 6개가 모였을 때 한 판이 된다면 피자 한 판의 둘레는 10cm×6개=60cm가 된다. 이제 지구의 둘레를 구하는 방법이 모두 밝혀진 셈이다. 에라토스테네스는 누구나 다 할 수 있는 이러한 방법으로 지구 둘레를 알아낸 것이다.

피자 조각으로 피자 한 판의 둘레 구하기

우리에게 필요한 정보는 딱 두 가지!

① 피자(지구) 조각 1개의 호의 길이
② 피자(지구) 조각의 개수

①을 구하는 법: 피자 조각의 테두리(부채꼴의 호)의 길이를 자로 잰다.

 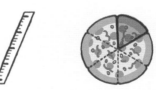

자로 피자 조각의
테두리 길이를 잰다.

피자 조각 6개가 모여 한 판을 이룬다면,
측정한 길이의 6배가 피자 전체의 둘레다.

②를 구하는 법: 조각이 피자 한 판에서 차지하는 비율은 중심각을 측정
하면 알 수 있다.

$$\frac{360°}{180°} = 2개 \qquad \frac{360°}{90°} = 4개 \qquad \frac{360°}{60°} = 6개$$

피자 한 판에 해당하는 원의 중심각 360도를 측정한 피자 조각의 중심 각으로 나누면 피자 조각 몇 개가 모여야 한 판이 되는지 알 수 있다.($\frac{360°}{60°}$ =6개)

①에서 구한 조각 하나의 둘레에
②에서 구한 '한 판에 필요한 조각 개수'를 곱하면 끝!

기원전의 물리학 아이디어 살펴보기

에라토스테네스의 지구 둘레 구하기 ②

에라토스테네스는 자신이 측정할 수 있는 지구 호의 길이(925km)를 직접 이동하며 측정했다. 그리고 이 호의 길이에 해당하는 지구 조각의 중심각을 7.2도로 측정했다. 이를 통해 자신이 측정한 지구 조각이 50개 모여야 전체 지구가 된다는 것을 알아냈다.($\frac{360°}{7.2°}$=50) 따라서 지구 둘레는 925km×50개=46,250km가 된다. 믿을 수 없을 만큼 단순한 아이디어로 지구 둘레를 정확히 계산한 최초의 인물이 된 것이다.

그러나 여기서 큰 의문이 들어야 한다. 지구 조각의 호의 길이 925km는 에라토스테네스가 직접 이동하면서 측정했다고 하더라도, 지구 조각의 중심각 7.2도는 어떻게 측정한 것일까? 거대한 지구를 피자처럼 조각낼 수도 없고, 각도기를 들고 지구 중심까지 들어갈 수도 없다. 여기서 에라토스테네스의 빛나는 아이디어가 한 번 더 발휘된다.

시에네와 알렉산드리아 대신 서울 타워, 도쿄 타워로 예를 들어보자. 서울 타워 꼭대기에 태양이 정확히 떠서 그림자가 생기지 않을 때 서울과 멀리 떨어진 도쿄 타워에는 반드시 그림자가 생긴다.(지구는 둥글기 때문이다.) 이때 도쿄 타워에 드리워진 그림자 꼭대기와 건물 꼭대기를 직선으

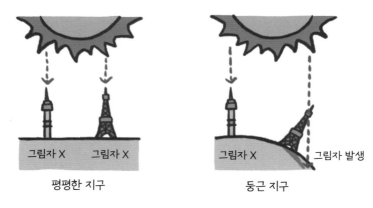

| 그림자 X | 그림자 X | | 그림자 X | 그림자 발생 |

평평한 지구　　　　　　　　　　둥근 지구

그림자가 생기는 이유는 지구가 둥글기 때문이다.

로 이으면, 그 선이 이루는 각도는 곧 서울 타워와 도쿄 타워를 기준으로 잘라낸 지구 조각의 중심각이 된다. 이 각도가 조각의 중심각이 되는 이유는 다음 두 전제가 있기 때문이다.

전제 1. 태양에서 각 타워로 내려오는 빛은 모두 평행하다.

(두 평행선의 설정)

전제 2. 두 평행선을 가로지르는 선분에 의한 엇각은 서로 같다.

(측정각 = 지구 조각의 중심각)

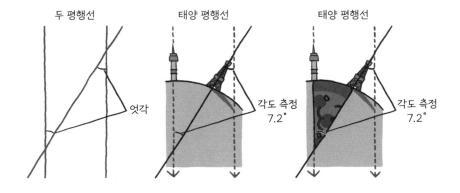

두 평행선의 엇각을 이용하면 외부 각도를 측정해 내부의 각도를 구할 수 있다.

위 과정을 통해 지구 조각을 구하는 과정은 아래와 같다.

① 서울 타워와 도쿄 타워를 기준으로 지구 중심을 관통해 뻗어 나가는 연장선을 그린다.
② 두 연장선은 지구 중심에서 만나므로 만나는 곳을 기점으로 한 지구 조각을 만들 수 있다.
③ 서울 타워 꼭대기에 태양이 떠서 그림자가 생기지 않을 때(하짓날 정오) 도쿄 타워에는 반드시 그림자가 생긴다.
④ 도쿄 타워 꼭대기에 올라가 드리워진 그림자 끝과 건물 꼭대기가 이루는 각도를 측정한다.
⑤ '두 평행선을 가로지르는 선분에 의한 엇각은 같다'는 **기초 기하**를 이용한다.

⑥ 도쿄 타워 끝에서 측정한 각도($7.2°$)=측정하고자 하는 지구 조각
의 중심각($7.2°$)

⑦ 서울 타워와 도쿄 타워 사이의 지구 조각 50개($\frac{360°}{7.2°}$)가 모이면
전체 지구가 된다.

⑧ 따라서 지구의 둘레는 925km×50개=46,250km

지구 둘레를 직접 측정하는 일은 불가능한 것처럼 여겨졌지만, 인간
은 불가능을 가능으로 바꿔놓았다. 이러한 일이 지구 둘레를 구하는 것에
만 한정된 것은 아니다. 인류의 문제해결력은 이처럼 과거의 멋진 아이디
어를 습득하고, 새로운 아이디어를 계속 덧붙여나가는 것을 반복하며 발
전해왔다.

에라토스테네스의 생각 속으로

에라토스테네스는 지구 둘레를 측정하기 위해 두 가지 가정을 세웠다.

① 지구로 들어오는 태양 빛은 평행하다.
② 지구는 완전한 구형이다.

에라토스테네스의 지구 둘레 측정 아이디어는 지구를 조각내어 호의 길이를 측정하고, 이 조각이 몇 개가 모이면 전체 지구가 되는지를 알아내는 것이다. 호의 길이는 직접 측정이 가능하지만, 문제는 측정한 호의 길이에 해당하는 지구 조각이 전체 지구의 몇 조각 중 하나인지는 구하기 어렵다. 따라서 앞서 설명한 엇각의 성질을 이용한 것이다.

① 지구로 들어오는 태양 빛은 평행하다.
  → 엇각을 이용하기 위한 가정
② 지구는 완전한 구형이다.
  → 엇각을 통해 구한 중심각을 나눌 기준을 360도로 하기 위한 가정

생각의 확장:
지구의 둘레가 실제보다 크게 측정된 이유

에라토스테네스가 측정한 지구 둘레는 46,250km로, 실제 지구 둘레인 약 40,000km보다 크다. 교과서에서는 단순히 측정 오차로 설명하지만, 과연 그럴까?

지구는 원래 타원형이다.
(사실 이 정도로 찌그러져 있지는 않다.)

반지름이 짧은 극에서 자른 조각을
이용하면 실제보다 작은 지구가 된다.

반지름이 큰 적도 쪽에서 자른 조각을
이용하면 실제보다 큰 지구가 된다.

모든 측정에는 오차가 있다. 그러나 에라토스테네스의 측정값이 정확하다고 가정하면 재미있는 사실을 알 수 있다. 널리 알려져 있다시피 지구는 완전한 구가 아니라 양극 쪽이 짧고 적도 쪽이 긴 타원형이다. 만약 반지름이 짧은 극 쪽을 기준으로 지구 조각을 설정했다면 원래 둘레보다 작게 측정될 것이고, 반지름이 긴 적도 쪽을 기준으로 설정하면 원래보다 크게 측정될 것이다. 이를 통해 에라토스테네스가 기준으로 삼은 시에네와 알렉산드리아는 지구의 극 쪽보다는 적도 쪽에 있을 것이라는 새로운 사실도 알아낼 수 있다.

지구 둘레를 잰 이유

또 다른 그리스의 수학자 아리스타르코스는 월식을 이용해 달과 지구 크기 비를 알아냈으며, 이를 바탕으로 달과 지구까지의 거리를 달 크기로 표현했다. 나아가 달과 지구의 거리 비를 이용해 지구와 태양까지의 거리 비도 알아내려고 했다. 우주의 크기를 과학적인 방법으로 측정하고자 한 것이다. 문제는 모두 상대적인 비율이었기 때문에 기준이 될 달이나 지구 중 어느 하나의 실제 크기가 반드시 필요했다. 이를 해결한 사람이 지구 둘레를 잰 에라토스테네스였다.

아리스타르코스의 월식을 이용한
달과 지구 크기 비교 아이디어

① 터널(지구) 안으로 버스(달)가 진입한 순간부터 완전히 들어갈 때까지의 시간을 측정한다.(시간으로 버스 크기 측정)
② 버스(달)가 터널(지구)에서 나올 때까지의 시간을 측정한다.(버스로 터널 크기 측정)

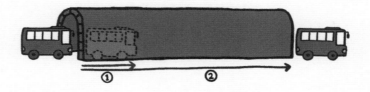

만약 ①의 시간이 1초이고 ②의 시간이 4초라면 터널(지구)은 버스
(달)보다 4배가 긴(큰) 것이다.

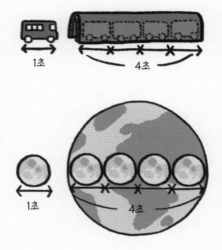

누구에게나 활짝 열린 물리학

물리 공식 직접 만들기

물리학 공식은 누구나 만들 수 있다. 다만 주의할 점은, 공식이란 언제나 예외 없이 항상 맞는 것이어야 하며 최대한 간단하게 표현되어야 한다. 이를 **법칙**laws**화**라고 한다. 따라서 상관관계가 있는 물리량들을 찾는 것이 우선이다. 예를 들어 키와 돈의 상관관계를 법칙화하는 것이 가능한지 검토해보자. 돈이 많은 사람은 키가 클까, 작을까? 돈과 키는 아무런 상관관계가 없다. 그럴듯한 상관관계가 있더라도 단 하나의 예외가 있다면 이는 법칙이 될 수 없다. 따라서 이에 관한 공식 또한 존재할 수 없다.

앞서 우리는 이미 피자 한 판(지구)의 둘레를 구하는 공식을 만들어냈다. 우리가 공식을 만든 과정을 차근차근 살펴보자.

피자 둘레를 구하는 과정을 그대로 나타내면 $10\text{cm} \times \frac{360°}{60°}$개$=60\text{cm}$이다. 이를 다른 경우에도 적용할 수 있도록 **문자로** 표현해 일반화하면 이것이 공식의 전부다.

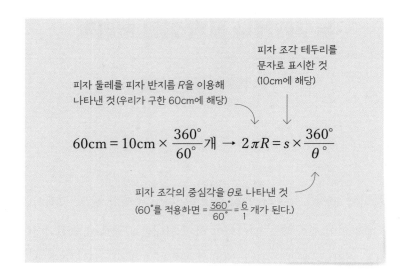

피자 둘레를 피자 반지름 R을 이용해
나타낸 것 (우리가 구한 60cm에 해당)

피자 조각 테두리를
문자로 표시한 것
(10cm에 해당)

$$60cm = 10cm \times \frac{360°}{60°}개 \rightarrow 2\pi R = s \times \frac{360°}{\theta°}$$

피자 조각의 중심각을 θ로 나타낸 것
($60°$를 적용하면 $= \frac{360°}{60°} = \frac{6}{1}$개가 된다.)

특정 숫자를 다른 어떤 숫자도 대입할 수 있도록 문자로 일반화했다. 문자화한 공식이 어렵게 느껴지는 이유는 숫자보다 구체적이지 않기 때문이다. 이는 앞서 별 내용이 아닌 돈의 양(M=1,000)을 어렵게 느낀 것과 똑같다.

문자와 기호에 익숙해져라

♡라는 기호를 두려워하는 사람은 거의 없을 것이다. 보통 하트라고 부르는 이 기호가 왜 사랑을 나타내게 된 것인지 그 이유는 중요하지 않다. 사랑의 의미로 사용하자고 한 사람들 사이의 '약속'이라는 것이 중요하다. 물리학에 나오는 모든 기호도 약속을 담고 있다. 그중 물리학에서 자주 나오는 중요한 기호 두 가지를 소개한다.

① $\sum$ (시그마) → 모든 값을 더하라는 기호 (합: +)
② $\triangle$ (델타) → 변화의 양을 나타내는 기호 (차: −)

예) 처음 돈 M_1=500원에서 나중 돈 M_2=1,800원이 되었을 때

- $\sum M = 500 + 1,800 = 2,300$원
- $\Delta M = 1,800 - 500 = 1,300$원

위 내용을 숫자가 아닌 문자로 표현해보자. 뭔가 있어 보이고 어려워 보이지만 완전히 같은 내용이다.

- $\sum M = M_1 + M_2$
- $\Delta M = M_2 - M_1$

공식 만들기 원리

속력, 거리, 시간

속력을 예로 들어 공식 만들기 원리를 이해해보자. 속력(빠르기)과 상관관계가 있는 물리량은 시간과 거리다. 참고로 속력뿐 아니라 대부분 자연의 상관관계는 주로 세 가지 요인으로 이루어진다. 따라서 거의 모든 공식은 3가지 물리량으로 구성된다.

이제부터 속력, 거리, 시간 세 물리량 사이의 관계를 규명하면 된다. 세 물리량을 비교할 때는 속력-거리, 속력-시간과 같이 두 요소씩 관계를 지어 두 번에 나눠 진행한다. 이때 중요한 것은 비교 대상에서 제외된 나머지 요소가 변하지 않도록 **고정**하는 것이다.

① 속력과 거리의 관계(시간 고정)

같은 시간 동안 속력이 크면 더 긴 거리를, 속력이 작으면 더 짧은 거리를 이동한다. 즉 속력과 거리는 같이 커지고 같이 작아진다. 이러한 관계를 **비례** 관계라고 한다.

② 속력과 시간의 관계(거리 고정)

같은 거리를 이동할 때 속력이 크면 시간은 적게 걸리고, 속력이 작으면 시간은 더 많이 걸린다. 속력과 시간처럼 하나가 커지면 다른 하나는 작아지는 관계를 **반비례** 관계라고 한다.

이제 위의 두 문장을 물리학적 용어로 간결하게 표현하면 공식이 완성된다. 비례 관계와 반비례 관계는 기호 '∝'로 표시한다. 비례 관계는 분자에, 반비례 관계는 분모에 쓰면 된다.

공식은 양적 계산이 가능해야 하므로 위 식을 등식(=)의 형태로 표현해야 한다. ∝를 =로 바꿔 등식으로 만들려면 왼쪽 항과 오른쪽 항이 같아지도록 보정 값을 추가해야 한다. 이때 공식에 추가하는 보정 값을 '**비례상수**'라고 하고 일반적으로 실험을 통해 값을 결정한다.

하지만 실제 속력 공식인 속력$= \dfrac{\text{시간}}{\text{거리}}$ $(v = \dfrac{s}{t})$에는 비례 상수 k가 없다. 이때는 $k=1$인 경우다. 전에 없던 새로운 물리량 간의 관계를 새로 만

보정 값을 추가하면
등호 '='를 사용하는 등식을
만들 수 있다.

$$속력 \propto \frac{거리}{시간} \rightarrow 속력 = k\frac{거리}{시간}$$

들 때는 비례 상수를 1이 되도록 설정한다. 비례 상수는 k뿐 아니라 α, β, γ, h … 등 다양한 문자로 표현한다. 각 비례 상수에는 이름이 있는데, 일반적으로 이를 법칙화한 물리학자의 이름을 붙여 '○○○ 상수'로 부른다.

공식 만들기 연습: 다이어트 공식을 만들 수 있을까?

엄청난 공식 하나를 소개하겠다.

$$d = k\,\frac{p}{e}$$

뭔가 어려워 보이고 대단한 공식처럼 보이지만, 이 공식의 실체는 방금 만들어낸 다이어트 공식diet formula이다.

이제 다이어트 공식을 만드는 과정을 살펴보자. 보통 알파벳의 앞글자를 물리량으로 표현하므로 일단 결괏값인 다이어트 효과를 d로 표현하기로 했다.

우선, 공식을 만들기 위해서는 다이어트와 상관관계가 있는 물리량을 모두 끌어모아야 한다. 살을 빼려면 무엇보다 적게 먹어야 한다. 즉, 먹는 양eating amount을 줄일수록 다이어트 효과는 커진다. 더불어 운동의 양physical training 역시 다이어트와 관련이 있는 물리량이다. 운동을 많이 할수록 다이어트 효과는 커진다. 이 둘을 정리하면 다음과 같다.

① **다이어트와 운동의 양과의 관계 (먹는 양 고정)**
  운동을 많이 할수록($p\uparrow$) → 다이어트 효과가 커진다($d\uparrow$)
  운동을 적게 할수록($p\downarrow$) → 다이어트 효과가 작아진다($d\downarrow$)

  → $d \propto p$ (비례 관계)

② 다이어트와 먹는 양과의 관계 (운동의 양 고정)

많이 먹을수록($e\uparrow$) → 다이어트 효과는 작아진다($d\downarrow$)

적게 먹을수록($e\downarrow$) → 다이어트 효과가 커진다($d\uparrow$)

$$\rightarrow d \propto \frac{1}{e} \text{ (반비례 관계)}$$

③ 이제 다이어트에 관련된 두 가지 물리량을 비례 기호($\propto$)로 한 번에 나타낼 수 있다.

$$d \propto \frac{p}{e}$$

④ 마지막으로 비례 관계($\propto$)를 일치 관계로 만들기 위해 비례 기호를 등호(=)로 바꾼다. 등호로 바꾸려면 보정 값이 추가로 필요하다. 임의로 다이어트 계수 k를 추가하자.

$$d \propto \frac{p}{e} \rightarrow d = k\frac{p}{e}$$

이렇게 전 세계 최초로 다이어트에 관한 공식을 만들어냈다. 보정 값인 k를 상수라고 하지 않고 계수라고 표현한 이유는, 운동의 양과 먹는 양에 따른 다이어트 효과가 사람마다 다르므로 각각의 적용값을 다르게 해야 하기 때문이다. 참고로 물리학에서 '계수'의 의미는 수학과 달리 대상에 따라 달라지는 값 정도로 생각하면 된다.

우스꽝스러운 예시지만 실제로 공식이 이렇게 만들어진다. 물론 공식에 단 하나의 예외도 발견되지 않아야 세계적으로 공인받는 '법칙'이 된다. 이 다이어트 공식이 일리는 있지만 세계적으로 공인받을 가치도, 검증도 충분치 않아 법칙으로 인정받지 못하는 것뿐이다.

이론 만들기 원리

사고 실험

    물리학자는 크게 이론 물리학자와 실험 물리학자의 두 부류로 나눌 수 있다. 이론 물리학자가 특정 사실에 관한 이론과 법칙을 제안하면, 실험 물리학자는 창의적인 실험을 설계해 이론이 참이거나 거짓임을 증명한다. 실험은 물리학에서 이론의 증명과 검증을 위한 필수 요인이다.

    따라서 이론 물리학자 역시 이론을 정립할 때 실험까지 생각한다. 하지만 모든 이론을 실험으로 다 증명하기에는 기술적 한계가 있다. 그러나 이러한 한계 없이 자유롭게 할 수 있는 실험이 있는데 그것이 바로 **사고 실험**이다. 사고 실험은 어떤 기술이나 기구 없이 순수하게 생각으로만 진행하는 실험으로, 사고 실험의 핵심은 '논리'다. 논리라고 하면 아무나 할 수 없는 깊고 심오한 지적 사유가 필요할 것 같지만, 물리학에서 사용하는 논리 대부분은 기초 중 기초인 삼단논법 정도면 충분하다.

    -대표적인 삼단논법-

모든 사람은 죽는다.

소크라테스는 사람이다.

따라서 소크라테스는 죽는다.

갈릴레이는 기울어진 경사면에서 운동하는 공에 관한 사고 실험으로 물체 운동의 중요한 성질을 알아냈다. '물체가 힘을 받지 않으면, 정지하고 있는 물체는 계속 정지하려 하고 운동하는 물체는 계속 그 운동을 유지하려 한다.'라고 알려진 관성 법칙이다.

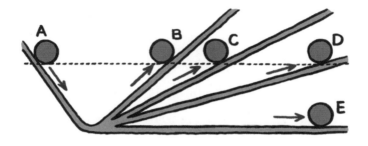

마찰이 없는 수평선을 움직이는 물체는
아무런 힘을 받지 않아도 영원히 움직인다.

① (마찰이 없다면) A 높이에서 가만히 놓은 공은 같은 높이인 B까지 도달한다.
② 기울어진 면을 달리 한 실험에서도 공은 A와 같은 높이인 C와 D까지 운동한다.
③ 그렇다면 E처럼 평행인 면에서 공은 어디까지 운동할까?

→ 공은 A와 같은 높이의 위치에 도달할 때까지 계속 운동할 것이다.

갈릴레이의 관성 법칙은 뉴턴의 운동 3법칙 중 첫 번째에 위치한다. 뉴턴이 정립한 제2법칙에서도 가속도가 0인 경우를 통해 관성 법칙을 설명할 수 있지만, 갈릴레이의 관성 법칙을 굳이 제1법칙으로 따로 분리해 설정한 이유가 있다. 관성 법칙에서 제2법칙의 적용 기준을 제시하고 있기 때문이다. 이를 관성좌표계라 한다. 내용이 조금 어렵다면, 우선은 '관성 법칙은 물체 운동에 관한 기준을 제시하는 중요한 법칙'이라는 것만 알고 지나가도 된다.

갈릴레이의 관성 사고 실험

실제 실험으로 관성 법칙을 증명할 수 있을까? 그때나 지금이나 마찰이
존재하지 않는 길을 만들기는 어렵다. 하지만 인간이 지닌 논리를 활용한
사고 실험을 통해서 이를 간단히 증명할 수 있다. 세 구간으로 나눠 생각해
보자.

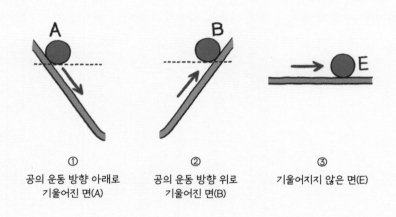

① 공의 운동 방향 아래로   ② 공의 운동 방향 위로   ③ 기울어지지 않은 면(E)
기울어진 면(A)   기울어진 면(B)

① 공의 운동 방향 아래로 기울어진 면(A) → 공은 점점 빨라진다.
② 공의 운동 방향 위로 기울어진 면(B) → 공은 점점 느려진다.
③ 기울어지지 않은 면(E) → 공은 어떻게 될까?

이제 삼단논법으로 기울어지지 않은 면(E)에서 공의 상태를 예측해보자.

① A처럼 빨라지지 않는다.
② B처럼 느려지지도 않는다.
③ 빨라지거나 느려지지 않으므로 변화가 없다. 즉 원래 속력을 그대
   로 유지할 것이다.

기울어지지 않은 면(E)에 놓인 공이 정지한 상태라도 동일한 논리를 적용할 수 있다. 정지한 상태에서 빨라지거나 느려지지 않기 때문에 변함없이 원래 상태를 유지할 것이다. 즉 정지한 물체는 계속해서 정지해 있다. 이로써 두 가지 초기 조건(정지·운동)을 모두 만족하는 관성 법칙이 완성되었다.

물리학 이론의 논리적 진화

아리스토텔레스에서 갈릴레이로

갈릴레이가 생각한 관성은, 운동을 유지하려면 힘이 필요하다는 **아리스토텔레스의 강제 운동** 개념에 정면으로 반박하는 것으로 당시로는 가히 혁명적인 이론이었다. 2,000년 동안 굳건히 믿어왔던 잘못된 운동 개념이 단번에 파괴되는 순간이었다.

우리는 방금 오랜 오개념의 역사를 단 3줄의 논리로 뒤집어엎었다. 그러나 이처럼 자명한 논리적 접근에 의한 증명이라 하더라도 사람들 머릿속에 한번 박힌 고정 관념은 쉽게 바뀌지 않는다.

갈릴레이가 아리스토텔레스의 천동설(동심천구가설)을 반대하고 코페르니쿠스의 지동설을 지지하면서 사형에 처해질 뻔했다는 일화는 너무도 유명하다. 다행히 사형은 피했지만, 대신 갈릴레이는 종신 가택연금 처벌을 받았다. 사형을 면할 수 있었던 결정적 이유는 지동설 지지를 법정에서 철회했기 때문이다. 재판이 끝나고 "그래도 지구는 돈다."라고 조용히 읊조렸다는 일화는 갈릴레이의 자존심을 회복해주려고 지어낸 이야기일 가능성이 높다. 코페르니쿠스의 지동설을 지지했던 조르다노 브루노가 이미 화형에 처해졌고, 재판을 기다리던 갈릴레이가 이 사실을 모를 리 없었기 때문이다.

21세기를 사는 우리라 할지라도 학교에서 배우지 않았다면 지구가 움직이고 있다는 사실을 스스로 알아내기는 어려울 것이다. 생각해보자. 지구가 움직인다면(그냥 움직이는 게 아니다. 지구의 공전 속력은 30km/s로 1초에 30km를 이동한다!) 높은 곳에서 목표 지점을 향해 낙하하는 스카이다이버는 절대로 목표 지점에 도착할 수 없다. 단 1초만 지나도 지구의 목표 지점은 30km나 이동해버리기 때문이다. 하지만 스카이다이버는 정확히 목표 지점에 도착할 수 있다. 그렇게 생각하면 지구가 정지해 있다고 생각하는 것이 오히려 당연한 일인지도 모른다.

갈릴레이의 관성 법칙은 빠르게 움직이는 지구에서 낙하하는 스카이다이버의 도착을 정확히 설명한다. 결론만 먼저 말하면, 스카이다이버 역시 관성으로 인해 지구와 함께 30km/s로 같이 이동하는 동시에 떨어지기

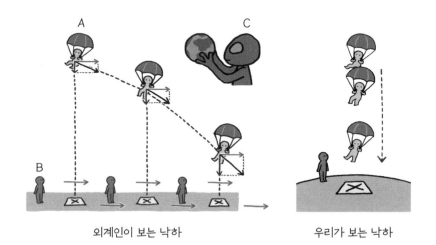

외계인이 보는 낙하   우리가 보는 낙하

까지 하는 것이다. 지구에서 멀리 떨어진 외계인(C)은 지구와 지구 위에 가만히 서 있는 관찰자(B), 스카이다이버(A) 모두가 30km/s로 수평으로 움직이는 것을 관찰한다. 이때 오직 스카이다이버(A)만 수직으로 동시에 낙하까지 한다. 반면 지구와 같이 운동하는 관찰자 B는 자신도 지구와 함께 이동하므로 오로지 스카이다이버(A)가 수직으로 낙하하는 것만을 관측하게 된다. 지구에 살고 있는 우리는 모두 B의 입장이기 때문에 지구가 움직인다는 사실을 알아채기 쉽지 않은 것이다.

또 다른 예를 들어보자. 일정한 속력으로 운동하는 에스컬레이터의 같은 칸에 탄 A와 B는 똑같은 속력으로 운동하므로 서로가 정지해 있는 것처럼 편하게 대화를 나눌 수 있다. 움직이는 에스컬레이터가 느리든 빠르든 상관없다. 시간이 흘러도 A와 B는 서로를 볼 때 계속 옆자리에 정지한 채로 나란히 같은 칸에 서 있다. A와 B가 이동하고 있다는 사실을 인지

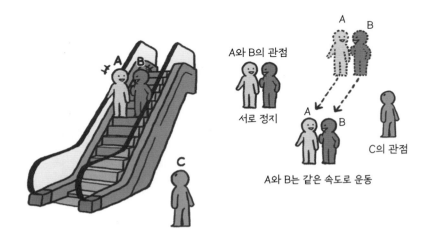

A와 B의 관점

서로 정지

C의 관점

A와 B는 같은 속도로 운동

하는 순간은 A가 B를 볼 때, 혹은 B가 A를 볼 때가 아니다. 자신들이 타고 있는 에스컬레이터 밖 배경(혹은 외부 관측자 C)이 움직이는 것을 볼 때다. 즉 우리는 계속해서 일정한 속력으로 운동하는 지구라는 거대한 에스컬레이터를 타고 있으며 이 에스컬레이터의 운동을 알 수 있는 유일한 방법은 외부를 관찰하는 것뿐이다. 자전은 매일 태양이 뜨고 지는 것으로, 공전은 1년 동안 계절별로 별자리가 규칙적으로 변화하는 것으로 알 수 있다.

갈릴레이의 낙하 사고 실험

갈릴레이는 무거운 물체가 가벼운 물체보다 빨리 떨어진다는 아리토텔레스의 낙하 운동도 정면으로 반박했다. 이 역시 단순하게 추측해보면 무거운 물체가 가벼운 물체보다 빨리 떨어질 것이라는 생각이 든다. 가벼운 종이보다 무거운 벽돌이 먼저 지면에 닿는 것은 일상에서 흔히 경험하는 일이기 때문이다. 그러나 갈릴레이가 주장한 '같은 높이에서 떨어지는 무거운 물체와 가벼운 물체는 동시에 지면에 닿는다.'라는 사실 역시 사고 실험을 통해서 단번에 증명이 가능하다.

'무거운 물체가 가벼운 물체보다 빨리 떨어진다.'라고 가정한 다음, 무거운 물체와 가벼운 물체를 묶어서 함께 떨어뜨리면 어떻게 될지 생각해보자. 몇 가지 다른 결론이 나올 수 있다.

가정: 무거운 물체가 가벼운 물체보다 빨리 떨어진다.

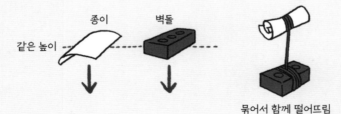

종이   벽돌

같은 높이

묶어서 함께 떨어뜨림

결론 1: 하나씩 떨어뜨릴 때보다 더 빨리 떨어진다.

근거: 무거운 물체와 가벼운 물체가 하나가 되면 더 무거워지므로 처음의 무거운 물체보다 더 빨리 떨어져야 한다.

결론 2: 중간 속력으로 떨어진다.

근거: 무거운 것은 빠르게 떨어지고 가벼운 것은 느리게 떨어지는데 두 물체가 묶여 있으므로 이 둘의 중간 속력으로 떨어진다.

결론 1과 2는 각각을 놓고 보면 논리적인 모순이 전혀 없다. 그러나 하나의 가정으로부터 서로 다른 결과가 나왔다. 왜 그런 것일까? 이는 가정이 잘못되었기 때문이다. 이제 기존 가정을 폐기하고 '무거운 물체와 가벼운 물체는 똑같이 떨어진다.'는 새로운 가정을 세운 후 실험을 반복해 앞선 사고 실험 결과와 비교해보자.

결론 1: 똑같이 떨어진다.

근거: 두 물체를 묶었으니 더 무거워졌지만, 무거운 물체와 가벼운 물체는 똑같이 떨어지기 때문에 무게와 상관없이 똑같이 떨어진다.

결론 2: 똑같이 떨어진다.

근거: 무거운 물체와 가벼운 물체는 똑같이 떨어지기 때문에 묶여 있는 상황에서도 두 물체는 여전히 똑같이 떨어진다.

새롭고 올바른 가정은 서로 달랐던 결과를 하나로 일치시켰다. 이로써 같은 높이에서 떨어진 두 물체는 무게와 관계없이 똑같이 떨어져 동시에 지면에 닿는다는 사실을 사고 실험을 통해 증명해낸 것이다.

2장

물리학의 성격과 도구

물리학의 세 가지 성격

변화, 결과, 분석

물리학의 성격은 딱 세 가지로 정리할 수 있다. 바로 **변화**, **결과**, **분석**
이다. 물리학을 공부하다 보면 이 세 가지 성격 안에서 모든 것이 이루어
진다는 것을 알 수 있을 것이다.

변화

물리학에서 주 관심사인 연구 대상은 변화하는 무언가다. 즉 **변화는
물리학의 주제** 그 자체다. 태양이 뜨고 지는 것, 공중에 놓아둔 물체가 아
래로 떨어지는 것, 뜨거운 물체가 차갑게 식는 것 등이 모두 변화다. 이렇
게 변화하는 것을 주제로 변화가 큰지 작은지, 변화의 정도를 정확하게 표
현한다. 변화의 정도는 앞서 말한 대로 숫자를 이용한다. 변화가 큰 것은
큰 숫자로, 변화가 작은 것은 작은 숫자로 표현하면 끝이다.

결과

물리학은 결과를 중시한다. 인간이 태어나기 전부터 이미 완성되어
있던 자연 법칙의 **결과 해석이 물리학의 출발점**이기 때문이다. 이처럼 결

과를 중시하는 성향은 물리학 어느 곳에서나 볼 수 있다. 한 예로 물리학에서 중요하게 다루는 **변위**라는 물리량을 간단히 소개하고자 한다. 변위는 이동 거리와 대응하는 개념이지만 변위와 이동 거리 사이에는 큰 차이가 있다. 이동 거리는 실제로 움직인 거리의 양을 모두 누적하는 개념인 반면, 변위는 '출발점과 도착점의 직선 거리'로 정의한다. 중간 과정에는 관심이 없다. 따라서 변위는 출발점을 기준으로 한 현재 물체의 위치를 알 수 있지만, 이동 거리는 움직인 거리를 모두 고려하므로 현재 위치를 알 수 없다.

물리학에서 정의하는 일work 역시 결과를 중시하는 물리학의 성격을 잘 보여준다. 무거운 물체를 힘을 써서 들어 올리는 경우, 물체의 처음 위치와 나중 위치에 변화가 발생할 때 '일을 했다'라고 한다. 그러나 무거운 물체를 계속 들고 있는 것은 물리학에서의 일이 아니다. 물론 힘은 계속 들지만, 물체의 위치 변화가 없기 때문에 결과적으로는 일을 하지 않은 것이다. 결과를 중시함으로써 오히려 결과에 대한 원인을 더욱 명확하게 파악할 수 있는 것이다.

분석(분해+합성)

변화가 물리학의 관심 대상이고 결과가 물리학의 출발점이었다면, **분석은 변화와 결과의 원인을 알아내는 연구 방법**이다. 정육면체 3×3 큐브 6면의 색깔을 가장 완벽하게 맞추는 방법은 무엇일까? 그것은 큐브 알을 모두 분해해서 색깔별로 모은 다음 재조립하는 것이다. 현란한 손놀림으

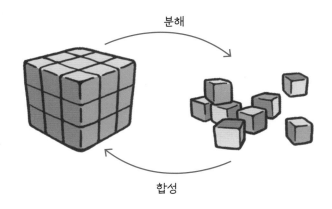

분해

합성

로 큐브를 멋지게 맞추는 것을 기대했다면 실망스럽겠지만, 이것이야말로 큐브를 맞추는 가장 좋은 방법이다. 왜냐하면 특별한 기법을 배우지 않아도 누구나 다 할 수 있는 보편적인 방법이기 때문이다.

큐브를 모두 분해해서 가장 단순한 요소로 만드는 과정이 '분해'이고, 같은 색깔로 모아 다시 조립하는 것이 '합성'이다. 이때 분해와 합성의 도구로 수학이 사용되는 것이다.

지금까지 물리학자들이 분석을 통해 알아낸 사실은 처음부터 복잡한 존재는 없다는 것이다. 모든 복잡함은 단순한 것이 여럿 모여 이루어진다. 다시 말해 복잡함은 단순함의 집합이다. 사람들은 고르기아스의 매듭을 단칼에 잘라낸 알렉산더 대왕처럼, 복잡하게 엉킨 실뭉치를 한 번에 푸는 묘안을 알아내고 싶어 한다. 그러나 그런 묘안은 없다. 이유는 명쾌하다. 처음 실뭉치가 엉킬 때도 단 한 번에 복잡하게 엉킬 수 없기 때문이다. 물리는 획기적인 방법으로 단번에 문제를 해결하지 않는다. 오히려, 가장 쉽고 단순한 방법을 여러 번 반복해 복잡한 문제를 해결한다.

이동 거리와 변위 연습 문제

A에서 출발해 B를 거쳐 C, D까지 운동하는 경우 이동 거리와 변위의 크기를 구해보자.

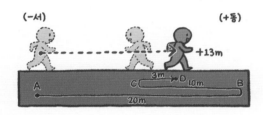

① 이동 거리: 실제 움직인 거리를 모두 누적한 양

숫자만 보면 현재 어디에 있는지는 알 수 없다.
↓
→ Σ이동 거리: 20m + 10m + 3m = 33m

누적

② 변위: 방향을 부호화함으로써 움직인 거리뿐만 아니라 방향마저도 계산할 수 있도록 함(오른쪽 +, 왼쪽 −)

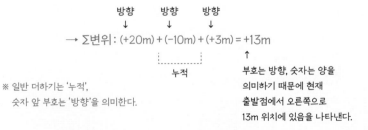

방향 방향 방향
↓   ↓   ↓
→ Σ변위: (+20m) + (−10m) + (+3m) = +13m
↑
누적

※ 일반 더하기는 '누적',
숫자 앞 부호는 '방향'을 의미한다.

부호는 방향, 숫자는 양을 의미하기 때문에 현재 출발점에서 오른쪽으로 13m 위치에 있음을 나타낸다.

※ 이동 거리와 변위처럼 속력과 속도 역시 다르다. 속력은 빠르기의 크기 (양)만을, 속도는 빠르기의 크기와 방향(양+질)을 모두 나타낸다. 지금부터 이 책에서는 **이동 거리 대신 변위로, 속력 대신 속도로 빠르기를 나타내도록 하겠다.** 물리적 성향에 훨씬 가까운 물리량들이기 때문이다.

① 이동 거리(크기) ↔ 변위(크기와 방향)
② 속력(크기) ↔ 속도(크기와 방향)

힘의 결과와 원인 분석

물체에 작용하는 모든 힘을 합성해 단 하나의 결과적인 힘으로 나타내는 것을 합력(合力) 혹은 알짜힘(ΣF)이라 한다.

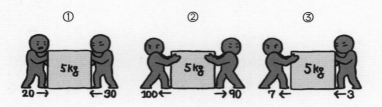

① ΣF: (+20) + (-30) = -10 (왼쪽으로 10의 크기의 힘)
② ΣF: (-100) + (+90) = -10 (왼쪽으로 10의 크기의 힘)
③ ΣF: (-7) + (-3) = -10 (왼쪽으로 10의 크기의 힘)

물리의 눈으로 보면 앞의 세 가지는 모두 동일한 상황이다. 이는 운동에 필요한 모든 조건이 똑같기 때문인데, 모두 같은 질량의 물체에 같은 방향으로 같은 크기의 힘(왼쪽으로 작용하는 크기 10인 힘)이 작용했다. 따라서 물체의 운동을 분석할 때는 결과적인 힘인 합력(알짜힘)이 가장 중요한 요소가 된다. 실제로 왼쪽으로 10N이라는 힘을 만들어낼 수 있는 상황은 무한한 경우가 존재한다. 하지만 물리는 무한의 가능성에 초점을 두는 것이 아닌 실제 물체 운동의 결과에만 관심을 둔다. 결과를 확실하게 함으로써 원인이 단순·명확해졌다. 이제 물체 운동의 미래를 정확히 예측하고 분석할 수 있다. 물리가 왜 결과를 중시하는지 이해되는가?

분석에 사용되는 편리한 도구 ①

평균

두 학생이 중간고사 시험 성적에 관해 대화를 나누는 모습이다. 어느 학생이 더 물리적으로 말하고 있을까?

B의 대답이 훨씬 물리적이다. 결괏값인 80이라는 단 하나의 숫자로 자신의 성적을 단번에 설명해냈기 때문이다. A는 과목별 점수라는 정확한 정보를 주지만, 중간고사 전체 성적을 한 번에 파악하기에 효율적인 정보는 아니다. 그래도 A가 더 자세해서 좋다고 생각한다면, 과목 수를 늘려보자. 만약 시험 과목이 100개라면 과목 100개의 성적을 나열했을 때 이것

이 의미하는 바를 과연 단번에 파악할 수 있을까?

　결괏값 하나로 시스템의 전체를 이해한다는 것은 엄청난 일이다. 이것이 바로 '평균'이다. 온도를 예로 들어보자. 열역학에서 다루는 기체 분자는 수가 너무 많아 분자 하나하나의 운동에너지를 다 구하는 것은 불가능에 가깝다.(참고로 1mol(몰)의 기체 분자의 개수는 6.02×10^{23}개이며 이를 아보가드로수라고 한다.) 그러나 이 수많은 분자의 운동에너지를 '온도'라는 숫자 하나로 표현할 수 있다. 예를 들어 한여름 낮 기온인 34도는 같은 날 새벽 기온인 22도보다 덥다. 대기를 구성하는 수많은 분자의 운동에너지를 모두 나열하는 대신 34, 22라는 하나의 숫자로 나타내는 것이다. 이러한 점에서 온도는 너무나 매력적인 물리량이다.

　그렇다면 평균은 어떻게 구할까? 평균은 전체 자료의 합을 자료의 수로 나눠 계산하기 때문에 자료의 개수가 많을수록 평균을 구하기 어려워진다. 그러나 평균을 아주 간단하게 구할 수 있어 물리에서 자주 사용되는 획기적인 기술이 있다.

$$평균값 = \frac{가장\ 작은\ 값 + 가장\ 큰\ 값}{2}$$

　모든 값을 더해서 전체로 나누는 대신, 가장 작은 값과 가장 큰 값을 더해 절반을 잘라내는 것이다. 하지만 이 방법은 변화하는 지표들이 규칙성을 지닐 때만 가능한 특수한 방법으로 언제나 쓸 수 있는 기술은 아니다. 그러나 다행히도 우리가 알고자 하는 자연은 규칙성이 존재하므로 물리에서는 이 방법으로 쉽게 평균을 구할 수 있다. 물리학에서 단 하나의 숫자로 나타낼 대표 지표를 뽑아내는 계산을 할 때 필수적으로 활용하는 수학적 도구이므로 꼭 기억해두자. 만약 물리 법칙에 $\frac{1}{2}$이 들어 있다면 이는 평균의 흔적이다.

대표 뽑기의 기술: 평균 구하기

국어 60점, 영어 90점, 수학 70점, 과학 100점, 사회 80점의 평균 점수를 구해보자.

① $\dfrac{\text{전체 자료의 합(과목 점수의 합)}}{\text{자료의 수(과목 수)}} = \dfrac{60+90+70+100+80}{5} = \dfrac{400}{5} = 80$

② $\dfrac{\text{가장 낮은 값} + \text{가장 높은 값}}{2} = \dfrac{60+100}{2} = 80$

두 방법 모두 같은 결과를 얻어냈지만, 결과를 중시하는 물리학은 훨씬 간단한 방법인 ②를 선호한다. 단, 이 방법을 사용하려면 평균을 구하려는 값들 사이에 특정한 규칙성이 있어야 한다. 위의 시험 점수는 60, 70, 80, 90, 100으로 점수 차이가 모두 10으로 일정하다. 이와 같은 규칙성이 있을 때 평균값은 자료의 중간값과 같다.(60, 70, 〈80〉, 90, 100) 따라서 가장 작은 값과 가장 큰 값을 더해 2로 나눌 수 있는 것이다. 따라서 60, 62, 65, 90, 93처럼 자료의 값 차이가 일정한 규칙이 없을 때는 방법 ②를 사용할 수 없다는 것을 주의하자.

방법 ②의 원리는 평균보다 큰 값의 남는 만큼을 부족한 부분에 주어 모든 값을 전부 같은 값으로 만드는 것이다. 이를 간단하게 계산하는 방법이 가장 작은 값과 가장 큰 값을 더해 절반으로 나누는 것이다.

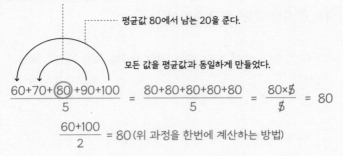

평균값 80에서 남는 10을 준다.

평균값 80에서 남는 20을 준다.

모든 값을 평균값과 동일하게 만들었다.

$$\frac{60+70+\textcircled{80}+90+100}{5} = \frac{80+80+80+80+80}{5} = \frac{80 \times \cancel{5}}{\cancel{5}} = 80$$

$$\frac{60+100}{2} = 80 \text{ (위 과정을 한번에 계산하는 방법)}$$

분석에 사용되는 편리한 도구 ②

삼각함수

삼각형을 그려보라고 하면 누구나 쉽게 다양한 모양의 삼각형을 그릴 수 있다. 그러나 삼각형이 되는 조건은 생각보다 까다롭다. 이 조건 때문에 삼각형의 **각과 변 사이에 특별한 관계**가 생기는데, 이를 체계화한 것이 바로 **삼각함수**다. 물리에서 삼각함수는 2차원 이상의 운동을 1차원 성분으로 분해하는 데 이용된다. 큐브 알을 모두 분해하는 수학적 도구가 삼각함수인 셈이다.

대각선으로 운동하는 물체를 분석해보자. 대각선은 공간적으로 수평, 수직의 2차원이다. 따라서 대각선을 수평(x축)과 수직(y축) 성분으로 분해해 각각 1차원으로 변경한다. 그 후에 x성분은 x성분끼리, y성분은 y성분끼리 모아 계산하면 복잡한 2차원 문제를 한번에 푸는 대신 단순한 1차원 문제를 2번 푸는 것이다. 이렇게 설명하면 쉬워 보이지만, 언제나 우리를 방해하는 것은 익숙하지 않은 '표현'이다.

길이가 1인 대각선(빗변이 1인 직각삼각형)을 수평(밑변)과 수직(높이)으로 분해할 때 공통 기준은 각도(θ)다. 그리고 x값은 cos(코사인), y값은 sin(사인)으로 표기하자고 약속했다. 즉 x와 y값을 모두 θ라는 하나의 기호로 표현할 수 있게 된 것이다. 이제부터 수평(cos), 수직(sin)을 어려워하지 말자. '♡'처럼 단지 하나의 약속일 뿐이다.

$x = \cos\theta$ (θ를 기준으로 x값을 나타낼 때 → 공간적으로 수평)

$y = \sin\theta$ (θ를 기준으로 y값을 나타낼 때 → 공간적으로 수직)

앞으로 물리에서 $\cos\theta$, $\sin\theta$와 같은 표현이 보인다면 단순히 θ를 기준으로 대각선을 수평, 수직으로 조각낸 것이라는 사실만 기억하면 된다.

삼각함수 쉽게 이해하기

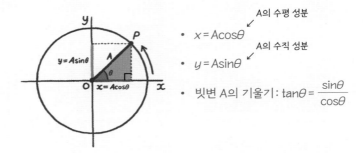

- $x = A\cos\theta$　A의 수평 성분
- $y = A\sin\theta$　A의 수직 성분
- 빗변 A의 기울기 : $\tan\theta = \dfrac{\sin\theta}{\cos\theta}$

　빗변의 길이가 1인 직각삼각형의 빗변과 x축 사이의 각을 θ라 할 때, 삼각형의 밑변과 높이에 해당하는 x의 길이와 y의 길이를 θ를 이용해서 표현한 것이 각각 $x=\cos\theta$, $y=\sin\theta$이다.

　이때 빗변의 길이를 1로 한정하지 말고 A로 하면, 아래 그림처럼 A가 길어질 때 x와 y가 모두 길어지므로 A와 x, y는 비례 관계다. 따라서 x값과 y값을 A배한 $x=A\cos\theta$, $y=A\sin\theta$로 표현할 수 있다.

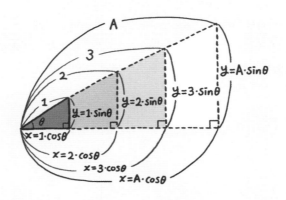

마지막으로 빗변 A의 기울어진 정도, 즉 기울기를 tan(탄젠트)로 표현하기로 약속했다.(기울기→tanθ)

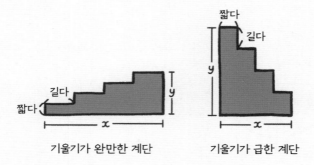

기울기가 완만한 계단   기울기가 급한 계단

계단의 기울기는 수평으로 이동한 거리와 수직으로 올라간 거리의 비율로 나타낼 수 있다.

수평 이동에 비해 올라간 높이가 작으면 기울기가 작은(완만한) 계단, 수평 이동에 비해 올라간 높이가 더 크면 기울기가 큰(가파른) 계단이 된다. 이를 x와 y를 이용해 표현하면 $\frac{y(\text{수직 이동 거리})}{x(\text{수평 이동 거리})}$의 비율로 나타낼 수 있다. 일차함수 $y=ax$에서 a가 왜 기울기인지 이해되는가?

$y=ax$에서 a를 주인공으로 바꿔주면 수평과 수직의 비율인 기울기 $(a=\frac{y}{x})$가 되는 것이다. 앞서 기울기를 $\tan\theta$로 부르기로 약속했기 때문에 같은 방식으로 tan를 cos과 sin으로 나타낼 수 있다.

$$기울기 : \tan\theta = \frac{y}{x} = \frac{\cancel{A}\sin\theta}{\cancel{A}\cos\theta} = \frac{\sin\theta}{\cos\theta}$$

물리를 잘하려면 수학을 잘해야 한다?

수학을 잘해야만 물리를 잘할 수 있다는 말이 있다. 과연 수학은 물리의 필수조건일까? 물리는 물리적 양을 숫자로 표현하고, 이러한 물리량들의 관계를 규명하다 보니 수 사이의 관계를 따질 수밖에 없다. 따라서 당연히 수의 이치에 밝은 사람이 물리적 표현과 서술에 유리할 수밖에 없기는 하다. 그러나 여기서 짚고 넘어갈 것이 있다.

뉴턴은 물체 운동의 순간을 표현하기 위해 미적분을 만들었다. 여기서 미적분학 자체에 의미를 두기보단, 수학에서 빠질 수 없는 중요한 분야조차도 물리를 설명하고 표현하기 위한 '도구'로써 개발한 것임을 주목해야 한다.(참고로 현재 수학에서 배우는 미적분학은 뉴턴이 아닌 수학자 라이프니츠의 미적분학이다.) 아인슈타인은 일반상대성이론을 설계할 때 시공간의 휘어짐을 미분기하학을 이용해 수학적으로 계산해야만 했다. 아인슈타인은 뉴턴과 달리 이를 스스로 해결하지 못해 주위 수학자에게 도움을 요청했다. 이어서 발표된 논문의 절반 이상은 일반상대성이론이 아닌 기하학에 익숙하지 않은 물리학자들을 위한 미분기하학 설명이었다.

감동적인 요리를 만들려는 유명한 셰프가 있다고 하자. 요리에서 중요한 요인 중 하나는 신선한 재료다. 따라서 신선한 재료를 확보하기 위해 셰프는 직접 밭을 갈아 쌀과 밀을 재배하고 과일을 얻기 위해 나무를 심는다. 고기를 얻기 위해 소를 키우고 직접 바다에 나가 물고기를 잡아온다. 요리 과정에서 조리 기구 역시 중요하다. 자신에게 딱 맞는 요리 기구를 제작하기 위해 나무를 깎고 플라스틱 가공법과 금속 제련을 익힌다. 또한 요리는 불 맛. 불 조절을 위해 고품질의 천연가스를 구하러 유전을 찾아 나선다. 그다음…

도대체 요리는 언제 하나?

원래 학문의 근원은 하나다. 하지만 연구가 거듭될수록 학문의 깊이와 양이 방대해졌다. 따라서 '분야'라는 것이 생긴 것이다. 모든 것을 혼자 해결할 수도 없지만 혼자 다 할 필요도 없다. 방대한 양을 여러 사람이 나눠서 체계적으로 연구를 계속해온 것이 오늘날의 '전문 분야'다.

분명히 해둘 것은, 어디까지나 물리에서 수학은 도구라는 것이다. 도구를 능숙하게 잘 쓸 수 있다면 좋겠지만 도구 자체에 얽매일 필요는 없다. 1+1이 왜 2인지 고민할 필요가 없다는 말이다. 수학 본연의 의미와 어려운 계산은 수학과에 넘기면 된다. 이런 것을 해결하는 사람들이 수학자들이다. 수학을 잘해야만 물리를 할 수 있다는 고정 관념에서 벗어날 필요가 있다. 앞서 여러분은 갈릴레이의 사고 실험을 통해 물체의 기본 성질인 관성을 너무도 훌륭하게 알아냈다. 과연 이 과정 어느 곳에서 수학 이론과 계산이 쓰였던 말인가? 기본적인 사칙연산(+, -, ×, ÷)과 앞서 설명한 평균, 삼각함수 정도의 도구면 기본 물리학을 이해하는 데 전혀 불편함이 없다. 복잡한 수학 개념은 최고급 물리학에서나 등장하며, 앞서 아인슈타인의 일화에서도 봤듯이 물리학자들도 고급 수학은 잘 모른다. 자신의 전문 분야가 아니기 때문이다.

물리학은 생각과 논리의 학문이다. 에라토스테네스, 갈릴레이의 예를 통해서 봤듯이 생각하는 힘과 아이디어를 배우기 위해 물리를 공부하는 것이다. 어떤 문제를 만났을 때 그에 따른 해답을 얻고자 한다면, 반대로 접근해보면 의외로 쉽게 답을 찾을 수 있다. 이 글의 제목을 반대로 바꿔보자.

물리를 잘하려면 수학을 잘해야 할까?

↓

그럼 모든 수학자는 물리를 다 잘할까?

3장

뉴턴이 세운 물리학의 기둥 : 운동 3법칙

숨은 힘의 정체를 찾아낸다

관성 법칙

　지구에 있는 모든 물체의 운동은 뉴턴의 3가지 법칙으로 전부 설명할 수 있다. 여기에 '떨어지는 사과'로 유명한 만유인력 법칙 하나를 더 추가하면 우주에 있는 행성 같은 천체의 운동까지 해석할 수 있다. 미지의 영역인 우주 속 거대한 행성들도 주변에서 흔히 볼 수 있는 돌멩이를 집어 던진 것과 똑같은 원리로 운동한다는 사실을 알아낸 것이다. 뉴턴 이후 물리학자들의 콧대가 하늘을 찌를 듯 높아질 수밖에 없었던 이유가 여기에 있다.

　뉴턴의 운동 3법칙 중 첫 번째 법칙인 관성 법칙부터 알아보자. 뉴턴의 제1법칙은 의도적으로 갈릴레이의 관성 법칙을 그대로 가져왔는데, 이는 갈릴레이를 향한 헌정의 의미를 지니고 있다. '힘을 받지 않으면 정지한 물체는 계속해서 정지해 있고, 운동하는 물체는 같은 속도로 운동을 계속한다.'라는 길고 지루한 서술적 표현을 물리적으로 바꾸면 다음과 같다.

$$\Sigma F = 0$$

'ΣF(합력)$=0$'의 의미는 두 가지 가능성을 내포한다. 첫째, 질량이 m 인 물체가 실제로 전혀 힘을 받지 않았거나, 둘째, 여러 힘을 받았더라도 이들의 합성 결과는 힘을 받지 않은 것과 같은 상태인 경우다. 어쨌든 두 가능성이 만들어내는 최종 결론은 단 하나로, 물체는 아무런 변화가 없다 (가속도 $a=0$)는 사실이다. 이를 나타낸 것이 바로 뉴턴의 제1법칙인 관성 법칙이다. 여기서 주의할 점은 물체의 운동 초기 조건이다.

① 물체가 정지해 있는 경우
② 물체가 운동하고 있는 경우

정지해 있는 물체에 작용하는 합력이 0이라면 아무런 변화가 발생하지 않으므로 정지 상태가 계속 유지된다. 반면 물체가 운동하고 있는 상황에서 물체에 작용하는 합력이 0이라면 역시 아무런 변화가 발생하지 않으므로 현재의 운동 상태를 그대로 유지한다.

정지한 물체를 움직이게 하는 것은 변화지만, 이미 운동하는 상태가 계속 유지되는 것은 변화가 아니다. 따라서 후자의 경우 역시 아무런 힘이 필요하지 않다. 아리스토텔레스는 운동하는 물체는 힘이 필요하다고 주장했으나 이 운동관은 여기서 깨지게 되는데, 이것이 관성 법칙에서 가장 멋진 부분이다. 다시 한번 강조하지만, **운동 상태를 유지하는 데 힘은 전혀 필요하지 않다.**

그렇다면 여기에서 의문이 생긴다. 예를 들어 크고 무거운 상자를 세게 밀었다고 할 때, 상자가 운동을 유지하려면 일정한 힘을 계속 상자에 가해줘야 한다. 왜 변화 없이 같은 속도로 운동을 유지하는 데도 힘이 필요한 것일까?

세게 밀어 내 손을 떠난 상자의 운동을 관찰하면, 상자는 속도가 점점 줄어들다 결국엔 정지한다. 즉 속도가 줄어드는 변화가 발생한 것이다. 변화의 원인은 힘이므로 상자는 분명 힘을 받았다. 즉 숨은 힘이 존재한다는 사실을 알 수 있는데, 이 힘이 바로 마찰력이다. 마찰력이 상자의 운동을 방해하는 방향으로 작용해 속도를 줄이는 변화를 발생시킨 것이다. 따라서 운동하는 상자의 속도를 일정하게 유지시키려면,

첫째, 마찰력을 없애 상자가 아무런 힘을 받지 않게 한다.(실제로 마찰력이 없는 우주 공간에서 한번 밀어준 물체는 영원히 같은 속도로 밀려 나간다.)
둘째, 마찰력을 없앨 순 없으니, 마찰력과 똑같은 크기의 힘을 반대 방향으로 상자에 가해 합력을 0으로 만든다.

즉 상자는 결과적으로 힘을 받지 않은 상태가 되는 것이다. 이처럼 관성 법칙을 통해 정지 혹은 운동하는 물체에 작용하는 숨겨진 힘의 존재 여부와 그 크기를 구할 수 있다. 아리스토텔레스는 운동의 주체인 상자가 아니라 상자에 힘을 가한 행위자에게만 초점을 맞췄던 것이다.

숨은 힘과 크기 찾기

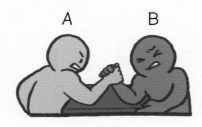

팔씨름 시작과 동시에 A가 30의 힘을 주었는데 만약 아무런 변화가 없다면,

① A의 힘을 상쇄시켜 0으로 만든 힘이 숨어 있다는 것을 알 수 있다.
② 위의 경우에 숨은 힘은 'B'가 'A'에게 가한 힘이며, 그 크기는 A가 가한 힘과 똑같은 30이다.

이처럼 뉴턴의 제1법칙은 숨은 힘과 그 힘의 크기를 구하는 데 요긴하게 활용할 수 있다.

※ 관성 법칙은 두 사람의 팔이 모두 움직이지 않는 정지한 상태뿐만 아니라, 어느 한쪽으로 팔이 일정한 속도로 넘어가는 과정에서도 적용된다는 것에 주의하자. 만약 어느 한쪽의 힘이 우세하다면 일정한 속도로 넘어가지 않는다. 힘의 효과 때문에 넘어가는 속도가 점점 빨라질 것이다. 이 점점 빨라지는 속도에 관해 설명한 것이 바로 뉴턴 제2법칙인 가속도 법칙이다.

실제 사례로 알아보는 관성

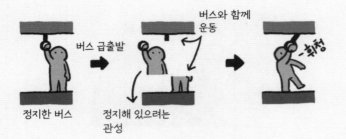

① 상체+하체, 손잡이+줄 모두 정지 상태를 유지한다.

② 버스가 급출발한다.

③ 하체와 줄은 버스와 붙어 있기 때문에 버스의 힘을 받아 버스와 함께 운동할 수밖에 없다.

④ 버스와 접촉하지 않은 상체와 손잡이는 정지한 상태의 관성을 유지하려 한다.

⑤ 상체와 하체, 손잡이와 줄은 분리될 수 없으므로 버스가 힘을 받은 방향의 반대 방향으로 상체와 손잡이가 쏠리는 현상이 발생한다.

움직임의 미래를 예측한다

가속도 법칙

뉴턴의 제2법칙은 물체에 작용한 '힘'과 '관성'이 벌인 치열한 싸움의
결과다. 이를 깔끔하고 세련된 물리학적 표현으로 나타내면 아래와 같다.

$$\Sigma F \neq 0$$

어떤 물체에 힘이 가해지면 변화가 발생한다. 변화하는 정도의 크기
역시 숫자로 나타내며 이를 **가속도**라고 한다. 가속도는 **초당 속도 변화량**
으로 정의되며 힘의 효과를 나타내는 물리량으로 이해하면 된다. 가속도
는 힘과 비례하며 물체의 질량과는 반비례한다. ($a \propto F$, $a \propto \dfrac{1}{m}$)

이 글 첫 줄에서는 관성이라고 표현한 것을 공식에서는 질량이라고
표현한다. 가속도와 반비례하는 질량은 결국 관성의 크기이기 때문이다.
다시 말해 질량이 큰 물체일수록 관성이 크므로 운동 상태를 변화시키기
어려워진다.

물체에는 여러 힘이 작용할 수 있으며 물체 자체도 여럿일 수 있다.
특히 기차처럼 여러 물체가 연결되어 한꺼번에 같이 운동하는 경우 뉴턴

제2법칙은 다음과 같이 적용할 수 있다.

$$a = \frac{\Sigma F}{\Sigma m}$$

여러 힘이 복잡하게 작용하는 경우라도, 묶여 있는 물체들은 함께 운동해야 하므로 가속도는 값 하나만 가질 수 있다. 결과를 우선시하는 물리학은 당연히 가속도를 중시할 수밖에 없다.

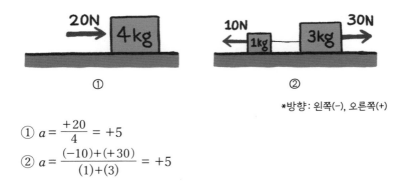

*방향: 왼쪽(-), 오른쪽(+)

① $a = \dfrac{+20}{4} = +5$

② $a = \dfrac{(-10)+(+30)}{(1)+(3)} = +5$

두 경우 모두 가속도는 +5이다. 가(加)속도 5의 의미는 오른쪽 방향으로 속도가 1초당 5씩 더해진다는 것으로, 물체들은 1초당 5씩 속도가 빨라진다.

여기서 주의할 점은 초기 조건을 항상 확인해야 한다는 것이다. 처음에 물체가 정지해 있거나 오른쪽으로 운동하는 경우라면 물체의 속도가 1초당 5씩 증가하지만, 왼쪽으로 움직이고 있었다면 1초에 5씩 속도가 감소하게 된다. 빨라지는지 느려지는지의 판단은 초기 운동 상태를 기준으로 힘의 방향(가속도 방향)을 적용함으로써 알 수 있다.

가속도를 알면 물체 운동의 미래를 예측할 수 있다. 물체의 미래 운동 상태를 예측하고 결정하는 것, 이것이 뉴턴 역학의 가장 위대한 업적이다.

정지해 있는 1kg 물체에 그림처럼 20N의 힘을 작용했다.(단, 물체는 운동을 시작할 때부터 10N의 마찰력을 일정하게 받는다.)

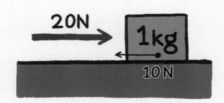

4초 뒤 물체의 속도는?

Step 1: 물체의 운동 초기 조건 확인 → 정지 상태(처음 속도=0)

Step 2: 힘의 효과(결과)인 가속도를 구한다.

$$\rightarrow a = \frac{(+20N)+(-10N)}{1kg} = (+)10m/s^2 \leftarrow \text{오른쪽으로 1초마다}$$
$$\text{10씩 속도가 더해짐}$$

Step 3: 처음 속도 0, 1초 동안 오른쪽으로 속도 10m/s씩 누적

$$\rightarrow \underset{\text{(0초)}}{0} + \underset{\text{(1초)}}{10} + \underset{\text{(1초)}}{10} + \underset{\text{(1초)}}{10} + \underset{\text{(총 4초)}}{10} = 40m/s \rightarrow \text{물체의 최종 속도=}$$

처음 속도+4초 동안 누적된 속도
40m/s=0+10m/s×4s
(곱셈을 이용해 한 번에 나타내기!)

뉴턴의 운동 법칙 중간 연습

등가속도 운동 공식 만들기

뉴턴 제2법칙으로 운동의 미래를 알 수 있다고 이야기했으나 아직은 부족한 부분이 있다. 힘을 받은 물체의 가속도로 시간에 따른 물체의 속도는 알 수 있으나 위치는 알 수 없기 때문이다. 속도가 **가속도의 시간적 누적**이라면, 변위는 **속도의 시간적 누적**에 의한 결과다. 따라서 위치를 알려면 속도를 시간에 따라 누적해야 한다. 어렵게 들릴지도 모르겠지만, 식으로 나타내면 초등학교에서부터 다뤘던 이동 거리(변위)=속력(속도)×시간의 개념이다.

속도와 시간

정지해 있는 1kg 물체에 그림처럼 20N의 힘을 작용했다.(단, 물체는 운동을 시작할 때부터 10N의 마찰력을 일정하게 받는다.) 4초 뒤 물체의 속도는?

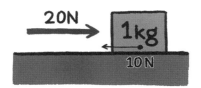

89쪽 문제를 예로 들어 속도 공식부터 만들어보자. 공식은 문제를 해결한 과정을 **일반화**해서 만든다는 것을 잊지 말자. 일반화란 문제에서 주어진 숫자를 문자로 대체해 다른 숫자로 변경해도 성립하도록 하는 것을 의미한다.

4초 후의 최종 속도＝처음 속도＋4초 동안 추가된 속도(10×4)

우리가 구하려는 최종 속도를 v, 처음 속도를 v_0, 가속도를 a, 시간을 t로 표현하면 속도에 대한 공식이 완성된다.

$$v = v_0 + at$$

이는 물리학을 공부할 때 가장 먼저 등장하는 3가지 등가속도 운동 공식($v=v_0+at$, $s=v_0t+\frac{1}{2}at^2$, $2as=v^2-v_0^2$) 중 첫 번째 공식이다. 혹시 어렵다고 느낀다면 다음 질문에 답해보자.

현재 가진 돈이 없는 뉴턴은 하루에 10만 원씩 돈을 번다. 4일 뒤 뉴턴이 가진 돈은?

돈을 하루 10만 원씩 4일 동안 벌었기 때문에 정답이 40만 원이라는 것은 많은 고민 끝에 내린 결론이 아닐 것이다. 이제 답을 구하는 과정을 그대로 표현하면 돈 공식을 만들 수 있다.

$$나중 돈 = 처음 가진 돈 + 하루에 버는 돈 \times 일수$$

이제 나중 돈 v, 처음 가진 돈 v_0, 하루에 버는 돈 a, 일수(시간) t로 영문자로만 바꿔 나타내면 다음과 같다.

$$v = v_0 + at$$

가속도 ↔ 하루에 버는 돈, 시간 ↔ 일수, 속도 ↔ 돈으로 대응될 수 있는 개념이라는 것을 이해했다면, 등가속도 운동 공식은 머리를 싸매고 공부할 새로운 개념이 아니라는 것도 깨달았을 것이다. 공식 없이도 돈 계산은 누구나 잘한다. 일(월)급은 돈이 시간에 따라 일정하게 누적되는 개념임을 사람들이 정확하게 이해하고 있기 때문이다. 따라서 돈 계산을 하는 공식이 굳이 필요하지 않다. 만약 누군가가 돈 계산 공식이 필요하다면 얼마든지 그 자리에서 만들어낼 수 있다. 절대로 공식의 노예가 되지 않기 바란다. 공식을 무조건 암기해야 한다는 생각을 버리라는 뜻이다. 돈 계산을 할 수 있는 정도면 얼마든지 물리를 잘할 수 있다. 사과나무에서 사과가 떨어지는 것을 보고 뉴턴이 만유인력을 알아낸 것이지, 공식부터 무작정 만든 다음에 떨어지는 사과에 공식을 적용한 것이 아니라는 사실을 잊지 말자.

변위와 시간

이제는 변위 공식을 만들어볼 차례다. 변위는 속도의 시간적 누적으로 구할 수 있다. 속도란 1초 동안 이동하는 변위이기 때문이다. 예를 들어 20m/s의 속도는 1초에 20m를 이동한다는 뜻이다. 그러므로 20m/s의 속도로 4초 동안 운동한 물체가 이동한 위치를 1초마다 끊어서 적용하면 다음과 같다.

(1초)　　(1초)　　(1초)　　(1초)　(총 4초 동안 변위)
↓　　　　↓　　　　↓　　　　↓　　　　↓
$$20m + 20m + 20m + 20m = 80m$$

변위=속도×시간(80m=20m/s×4s)이며, 이를 문자를 사용해 일반화하면 변위 공식이 완성된다.($s = vt$)

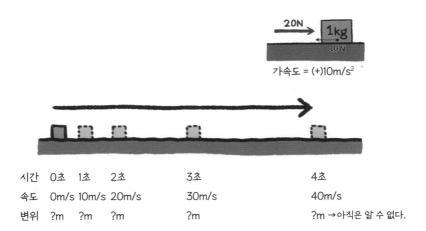

시간	0초	1초	2초	3초	4초
속도	0m/s	10m/s	20m/s	30m/s	40m/s
변위	?m	?m	?m	?m	?m →아직은 알 수 없다.

이제 89쪽 문제의 상황에서 4초 뒤 물체의 변위를 구해보자.

4초 동안 물체의 변위를 구하기 위해 우리가 만든 공식에 속도를 대입해보자. 앞서 변위는 속도×시간이라고 했다.

$$변위 = \square \times 4초$$

그러나 여기서 문제가 발생했다. 물체가 이동하는 4초 동안 속도의 값이 하나가 아니라는 것이다! 물체는 처음에 속도 0으로 정지해 있다가 1초 때는 10m/s, 2초 때 20m/s, 3초 때 30m/s로, 그리고 마지막에는 40m/s로 변하고 있다. 그렇다면 변하는 값 중에 어떤 값을 적용해야 할까?

4초 동안 변하는 속도를 대표할 수 있는 단 하나의 값은 바로 **평균**으로 구한다.

$$평균\ 속도 = \frac{처음\ 속도 + 나중\ 속도}{2} \rightarrow 20 = \frac{0+40}{2}$$

드디어 4초 동안의 대표 속도 값을 구함으로써 4초 뒤 물체의 위치를 알 수 있게 되었다.

$$80m = 20m/s \times 4s$$

초등학교에서 다뤘던 변위=속도×시간(실제로는 거리=속력×시간) 개념은 속도가 변하지 않는 특정한 상황에서만 적용되는 개념이다. 따라서 속도가 변하는 경우, 평균 속도를 적용하면 속도의 값을 단 하나의 대푯값으로 만들 수 있기 때문에 초등학교 때 배운 개념을 그대로 사용할 수 있다.

$$변위 = (평균)속도 \times 시간 \ (s = \bar{v}t)$$

변위를 나타내는 등가속도 운동 두 번째 공식 $s=v_0t+\frac{1}{2}at^2$은 매우 복잡해 보이지만, $s=vt$에서 속도 대신 평균 속도를 적용해 풀어낸 것뿐이다.

$$s = \bar{v}t \ \rightarrow \ (\frac{v_0 + v}{2})t \ \rightarrow \ \frac{v_0 + (v_0 + at)}{2}t \ \rightarrow \ s = v_0t + \frac{1}{2}at^2$$

($v = v_0 + at$)

속도와 변위

속도는 1초당 10씩 일정하게 증가하지만, 변위는 1초당 증가량이 점점 더 커진다.(+5m, +15m, +25m, +35m) **속도는 가속도의 시간적 누적**이지만, **변위는 속도의 시간적 누적**이다. 가속도를 기준으로 풀어서 보면 '가속도의 시간적 누적의 시간적 누적'이므로 시간이 2번 누적되는 것이다. 즉 속도가 현재 가진 돈을 의미한다면 변위는 원금에 시간에 따른 이자가 추가된 것을 다시 원금으로 책정해 이자를 추가하는 복리의 개념이

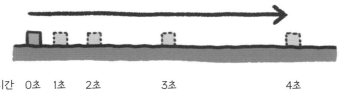

시간	0초	1초	2초	3초	4초
속도	0m/s	10m/s	20m/s	30m/s	40m/s
변위	0m	5m	20m	45m	80m

다. 따라서 시간이 지날수록 원금도 늘지만, 이에 따른 이자 역시 늘어나기 때문에 변위 추가량이 점점 증가한다. 한편, 속도를 기준으로 풀어보면 시간이 갈수록 평균 속도가 계속 증가하기 때문에 시간당 변위 변화량이 계속 커지는 것이다.

이와 관련된 등가속도 세 번째 공식 $2as=v^2-v_0^2$은 $v=v_0+at$, $s=v_0t+\frac{1}{2}at^2$에서 공통 요소인 시간 t로 정리하면 얻을 수 있다.

$$\frac{v-v_0}{a}=t=\frac{2s}{v_0+v} \quad \rightarrow \quad \frac{v-v_0}{a}=\frac{2s}{v_0+v}$$

물체의 가속도, 속도, 변위를 구하는 논리적 흐름을 돈 버는 일로 비유하면 다음과 같다.

① 하루에 얼마씩 버는가? → $a=\frac{v-v_0}{t}$ (1초 동안 변하는 속도의 양) 또는 $a=\frac{F}{m}$

② 얼마씩 버는지 알고 있다면 가진 돈을 알 수 있다. → $v=v_0+at$ (현

재 시간에서의 속도)

③ 늘어나는 돈과 그에 따른 이자를 포함하면 총자산을 알 수 있다.

$\rightarrow s = v_0 t + \dfrac{1}{2} a t^2$ (현재 시간에서의 변위)

지금까지 알아본 개념을 모두 정리하면 아래와 같다.

가속도: a
$$\begin{cases} a = \dfrac{v - v_0}{t} \;\leftarrow\; v = v_0 + at\,(\text{시간당 속도 변화}) - \text{뉴턴 이전} \\[4mm] a = \dfrac{F}{m}\,(\text{뉴턴 제2법칙}) - \text{뉴턴 이후} \end{cases}$$

가속도(a)를 구하는 방법은 뉴턴 등장 이전과 이후로 나눌 수 있다. 시간에 따른 속도 변화라는 정의로만 구할 수 있었던 가속도는 뉴턴의 등장 이후, 관점을 물체로 옮겨 물체(m)에게 가해진 힘(F)에 의한 효과 ($a = \dfrac{F}{m}$)로도 구할 수 있게 된 것이다.

속도-시간: $v = v_0 + at$

변위-시간: $s = v_0 t + \dfrac{1}{2} a t^2$

$\rightarrow$ 속도-변위: $2as = v^2 - v_0^2$

여기서 한 가지 걸리는 점이 있다. 과연 4초 동안 0에서 40까지 변하는 속도를 단 하나의 값인 20으로 만들어도 되는 것일까? 평균 속도

(20m/s)와 실제 속도(20m/s)가 똑같아지는 2초를 기준으로 전과 후로 나눠 운동을 분석해보자.

실제 물체의 운동

물체의 속도가 점점 빨라지므로 1초당 변위도 점점 늘어난다. 따라서 물체는 0~2초 동안 20m($\frac{0+20}{2} \times 2$), 2~4초 동안 60m($\frac{20+40}{2} \times 2$)를 이동하게 되어 총 4초 동안 80m를 이동한다.

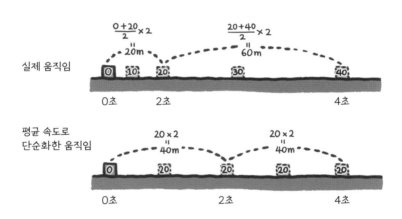

평균 속도를 적용한 물체의 운동

평균 속도보다 빠른 속도(2~4초 때)의 초과량으로 평균 속도보다 느린 속도(0~2초 때)의 부족한 부분을 메꿔 20m/s의 변하지 않는 단 하나의 속도로 만든다.(69쪽 참고) 그렇다면 0~2초 동안 이동 변위는 40m($\frac{20+20}{2} \times 2$)이고, 2~4초 동안 역시 40m($\frac{20+20}{2} \times 2$)를 이동한다.

그림을 보면 실제 운동과 평균 속도를 적용한 운동이 서로 다르다는 것을 확인할 수 있다. 하지만 문제에서 요구했던 결과만을 따져보자. 총 4초 동안 변위는 실제 운동이나 평균 속도를 적용한 운동이 모두 80m로 똑같다. 두 가지 방법 모두 같은 결과를 이끌어낸 것이다. 문제에서 요구하는 것은 4초의 변위이므로 4초 이전의 운동은 실제든 아니든 고려할 필요가 없다. 이처럼 결과를 중시하는 물리적 사고는 복잡한 실제 운동을 20m/s×4s=80m로 단순화해 단번에 문제를 해결한다.

마찰이 없는 면에 질량 2kg인 물체 A와 질량 3kg인 물체 B가 실로 연결되어 정지해 있다. 그림과 같이 왼쪽으로 10N, 오른쪽으로 15N의 힘을 가하고 있을 때 10초가 되는 순간 실이 끊어졌다. A가 정지하는 순간 B의 속도와 출발점에서부터의 위치는?(단, A와 B의 크기와 실의 질량은 무시한다.)

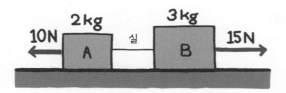

1. 실이 끊어지기 전

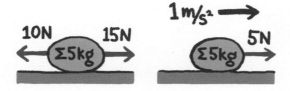

함께 운동하므로 한 물체처럼 보고 가속도를 구한다.

Step 1 : 물체 A와 B의 운동 초기 조건을 확인 → 정지 상태

Step 2 : 가속도(힘의 효과) 구하기 → $\dfrac{\Sigma(-10N)+(+15N)}{\Sigma(2kg+3kg)} = +1m/s^2$

실이 끊어지기 전까지는 함께 운동하므로 A와 B의 가속도와 속도는 똑같다.

Step 3: 실이 끊어지기 직전 A와 B의 속도

→ 10m/s (0 + 1 × 10초 = □)

     ↑   ↑

처음 속도 +1m/s²로 10초 동안 가속하므로 오른쪽으로
               10m/s 속도로 운동

2. 실이 끊어진 후

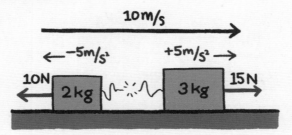

실이 끊어지는 순간의 상황이 새로운 초기 조건이다.

· 물체 A

Step 1: 물체 A의 초기 조건 확인

→ A는 B와 함께 오른쪽으로 10m/s로 운동하고 있었다.

Step 2: A의 가속도 구하기 → $\dfrac{-10N}{2kg}$ = -5m/s²

처음부터 여전히 작용하고 있는 왼쪽 힘 10에 의해 A의 가속도는
-5m/s²이다. 즉 힘 10N은 현재 상황에서 브레이크로 작용한다.

Step 3: A의 정지 시간 구하기 → 2초 (10 + (-5) × □ = 0)

2초 만에 초기 속도 10m/s은 0이 된다. ← 1초마다 -5m/s씩
                                               속도가 줄었기 때문

- 물체 B

Step 1: 물체 B의 초기 조건 확인

오른쪽으로 A와 함께 속도 10m/s로 운동하고 있었다. 이때 문제에서 요구한 B의 운동 시간은 방금 구한 A의 정지 시간인 2초 동안이다.

Step 2: B의 가속도 구하기 → $\dfrac{+15N}{3kg}$ = +5m/s²

B의 가속도는 처음부터 작용한 오른쪽으로 가해지는 힘 15N에 의해 발생하므로 +5이다. 즉 15N은 B의 속도를 1초에 5m/s 증가시킨다.

Step 3: B의 2초 후 속도 구하기 → 20m/s (10 + (+5) × 2 = □)

                                  ↑   ↑

현재 10m/s 속도로 운동 중   1초에 +5씩 속도가 더해지므로
                                  2초 후의 속도는 20m/s

· 물체 A와 B의 위치 구하기

Step 1: 초기 조건 확인

→ A와 B는 정지 상태에서 10초 동안 같이 운동했다. 실이 끊어진 후 A는 10N의 힘 때문에 2초 후 정지하며, B는 15N의 힘을 받으며 계속 운동한다.

Step 2: 10초 동안 이동한 A와 B의 변위

→ 50m ($\dfrac{0+10}{2}$ × 10 = □) ← 평균 속도 5m/s로 총 10초 동안 운동

Step 3 : 실이 끊어진 후 2초 동안의 변위

$$\rightarrow A : 10m \ (\frac{10+0}{2} \times 2 = \square), \ B : 30m \ (\frac{10+20}{2} \times 2 = \square)$$

처음 속도 10m/s, 나중 속도 0,
평균 속도 5m/s로 총 2초 동안 운동

처음 속도 10m/s, 나중 속도 20m/s,
평균 속도 15m/s로 총 2초 동안 운동

Step 4 : 출발점으로부터 총 12초 동안 운동한 A와 B의 최종 위치

$$\rightarrow A : 60m \ (50m+10m=\square), \ B : 80m \ (50m+30m=\square)$$

A : 50m(10초 동안) + 10m(2초 동안) = 60m(총 12초 동안)
B : 50m(10초 동안) + 30m(2초 동안) = 80m(총 12초 동안)

※ 실이 끊어진 후 A는 운동 방향과 반대의 힘을 받지만, 운동 방향은 변하지
않는다. 전진하던 자동차가 브레이크를 밟자마자 후진하는 것은 아니라는
사실을 떠올려보자.

힘이 작동하는 방식을 밝혀낸다

작용-반작용 법칙

물체에 작용하는 힘의 유무와 그 효과를 따지는 것이 제1법칙과 제2법칙이었다면, 제3법칙은 힘의 작동 방식을 설명한다. 이를 작용—반작용 법칙이라 하며, 간단히 정리하면 다음과 같다.

'힘은 두 물체에 크기는 같고 방향은 반대로 동시에 작용한다.'

이를 두 부분으로 나눠서 생각해보자.

첫째, 힘은 두 물체 사이에서 작용한다. 따라서 힘을 주고받으려면 반드시 A와 B라는 두 물체가 존재해야 한다. A가 힘자랑을 하려고 한다면, 반드시 힘을 가할 대상(B)이 필요하다. 역기(B)를 들든, 무거운 짐(B)을 옮기든 대상이 있어야 A가 힘을 가할 수 있다. 힘을 가할 대상이 없는 상황에서 힘이 작동하기란 불가능하다.

둘째, A가 B에게 힘을 가하면(작용) B도 A에게 힘을 가한다.(반작용) 이때 반작용인 B가 A에게 가하는 힘은 작용인 A가 B에게 가하는 힘과 **크기는 같고 방향은 반대다.**

바퀴 달린 의자에 앉아 책상에서 업무를 보던 A가, 일을 마치고 일어나기 위해 책상(B)을 힘껏 민 상황을 생각해보자. 분명 ① A는 책상(B)에 힘을 가했다. 그렇다면 힘을 받은 책상(B)에게 변화가 있어야 하나 오히려 ② A가 밀려난다. 즉 A에게 변화가 나타난 것이다. 이 현상을 분석하려면 물리적인 사고가 필요하다. 즉 단순명료하게 결과만 따져보면, A에게 변화가 일어났기 때문에 A가 힘을 받았다고 하는 것이다. 이때 힘을 가한 주체는 A와 접촉한 책상(B)밖에 없다. 따라서 ②′ 책상(B)이 힘을 가해 A가 밀려난 것이다.

이 현상을 다시 논리적으로 정리해보자.

① A가 책상(B)을 밀었다.(A가 B에게 힘을 가한다.)
② A는 책상(B)에서 멀어지는 방향으로 운동한다.

여기서 물리적 사고로 완성한 ②의 원인 ②′을 ② 뒤에 추가한다.

① A가 책상(B)을 밀었다.(A가 B에게 힘을 가한다.)
② A는 책상(B)에서 멀어지는 방향으로 운동한다.
②′ 책상(B)이 A를 밀었다.(B가 A에게 힘을 가한다.)

이제 마지막으로 ②를 삭제하고 ①과 ②′만 나타내면 이것이 작용－반작용 법칙이다.

① A가 책상(B)을 밀었다.(A가 B에게 힘을 가함) → F_{AB}(A가 B에 작용하는 힘)

②´ 책상(B)이 A를 밀었다.(B가 A에게 힘을 가함) → F_{BA}(B가 A에 작용하는 힘)

$$F_{AB} = -F_{BA}(뉴턴\ 제3법칙)$$

('='는 힘의 크기가 같음을, '-'는 힘의 방향이 반대임을 의미한다.)

①

F_1 : 지구가 상자를 당기는 힘(상자의 무게)

③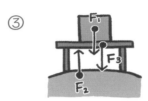

F_1 : 지구가 상자를 당기는 힘(상자의 무게)

F_2 : 상자가 지구를 당기는 힘

F_3 : 상자가 책상을 누르는 힘

②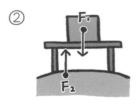

F_1 : 지구가 상자를 당기는 힘(상자의 무게)

F_2 : 상자가 지구를 당기는 힘

④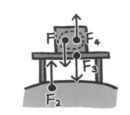

F_1 : 지구가 상자를 당기는 힘(상자의 무게)

F_2 : 상자가 지구를 당기는 힘

F_3 : 상자가 책상을 누르는 힘

F_4 : 책상이 상자를 떠받치는 힘

간단한 예를 들어 작용－반작용과 힘의 평형에 관해 차근차근 살펴보자. 지면 위에 책상이 놓여 있고 책상 위에는 상자가 올라가 있다. 이때 각 물체에 작용하는 힘의 관계는 어떻게 될까?

① 힘 하나를 선택해서 표기한다. 이 예시에서는 F_1=지구가 상자를 당기는 힘(상자의 무게)으로 표기했다.

힘이 작용한 대상을 시작점으로, 힘의 방향과 크기를 화살표의 방향과 길이로 각각 표기한다.

② ①의 반작용을 바로 표시한다.(힘을 작용하는 주체와 객체를 바꾸고 힘의 방향을 반대로 표시한다.)

→ F_2 : 상자가 지구를 당기는 힘

③ 다른 물체에 작용하는 새로운 힘 하나를 새로 표기한다.

→ F_3 : 상자가 책상을 누르는 힘

④ ③의 힘에 대한 반작용을 바로 찾는다.

→ F_4 : 책상이 상자를 떠받치는 힘

※ 작용-반작용과 힘의 평형 구분의 핵심은 힘 하나를 설정하면 그 힘에 대한 작용-반작용을 바로 표시하는 것이다!

· 작용-반작용: F_1-F_2, F_3-F_4(다른 물체에 작용한 힘이므로 힘의 평형 판단 불가)
· 힘의 평형 판단이 가능한 힘: F_1-F_4(한 물체(상자)에 작용한 여러 힘이므로 힘의 평형 판단 가능)

작용-반작용과 힘의 평형

　작용-반작용은 힘의 크기가 같고 방향이 반대이므로 자칫 합력이 0(ΣF=0)이라 생각할 수 있다. 그러나 작용-반작용은 두 물체 사이에 작용하는 힘이므로 애당초 힘의 합성 자체가 불가능하다. A가 B에 작용한 힘은 B에 힘이 가해지는 것이고, B가 A에 작용한 힘은 A에 힘이 가해지는 것이다. 반면 합력은 한 물체(예를 들어 모두 A)에 여러 힘이 가해졌을 때 이 힘들의 최종 결괏값을 구하는 것이다.

　즉 작용-반작용과 힘의 평형을 구분하는 핵심은 두 물체에 작용하는 힘인지, 한 물체에 작용하는 힘인지를 구분하는 것이다. 따라서 힘을 제대로 표기하는 것이 중요하며 그 중에서도 힘이 작용되는 작용점(화살표의 시작점) 표시가 가장 중요하다.

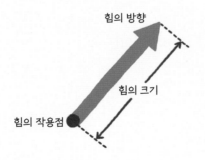

힘의 표기 → 화살표
· 힘의 크기: 화살표 길이
· 힘의 방향: 화살표 방향
· 힘의 작용점: 화살표 시작점

예를 들어 중력을 우리말로 풀어 쓸 때 '지구가 당기는 힘'과 같이 힘을 작용하는 주체만 표현하는 경우가 많다. 그러나 힘이 가해지는 대상이 누락되면 안 된다. 즉 '지구가 물체를 당기는 힘'처럼 힘의 대상(물체)이 반드시 표현되어야 하며, 이 대상에 힘의 작용점을 찍고 크기와 방향을 화살표로 나타내는 것이다.

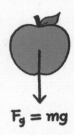

$$F_g = mg$$

중력의 영어 정의는 'Force exerted on the object by Earth'로, 힘이 작용되는 대상이 생략될 수 없음을 확인할 수 있다. 그러나 힘을 우리말로 옮길 때 힘의 작용 대상을 생략하고 주체인 지구만 표현하는 경우가 많으니 주의하도록 하자.
중력: 지구가 당기는 힘(x) → 지구가 '물체'를 당기는 힘(○)

물리 고수로 향하는 첫걸음

뉴턴의 운동 3법칙 혼합 적용

롤러스케이트(지면과의 마찰력 없음)를 신은 지우와 지아가 서로 손뼉 밀기 놀이를 하고 있다. 다음의 3가지 경우를 살펴보자.

① 지우(70㎏)가 지아(50㎏)를 밀었을 경우

② 지아(50㎏)가 지우(70㎏)를 밀었을 경우

③ 지우(70㎏)와 지아(50㎏)가 서로를 동시에 밀었을 경우

각각의 결과는 어떨까?

상황 ①

• 뉴턴 제3법칙(작용-반작용 법칙)

지우가 지아에게 힘(F)을 가했다.(작용) 지아는 팔로 지우가 가하는 힘을 버틸 것이다. 버틴다는 것은 힘을 줬다는 것이고 이것이 지우가 지아에게 가한 힘에 대한 반작용, 즉 지아가 지우에게 가한 힘($-F$)인 것이다. 따라서 지우와 지아 모두 같은 크기의 힘을 서로 반대 방향으로 받았다.

• 뉴턴 제1법칙(관성 법칙)과 뉴턴 제2법칙(가속도 법칙) 동시 적용

지우는 질량이 크다. 관성이 크기 때문에 변화에 대한 저항이 크다. 따라서 지아에게 받은 힘($-F$)의 효과가 작게 나타난다. 반면 지아는 질량이 작다. 질량이 작다는 것은 곧 관성이 작다는 뜻이므로 지우에게서 받은 힘의 효과가 크게 나타난다. 즉 지아가 지우보다 더 많이 밀린다.

상황 ②

• 뉴턴 제3법칙(작용-반작용 법칙)

지아가 지우에게 힘을 가할 때 ①에서의 지우보다 더 강하게 밀거나 혹은 약하게 밀 수도 있다. 하지만 어떤 크기의 힘을 가하더라도 지아와 지우가 주고받는 힘의 크기는 작용-반작용 법칙에 의해 서로 같다.

• 뉴턴 제1법칙(관성 법칙)과 뉴턴 제2법칙(가속도 법칙) 동시 적용

결국 같은 힘을 주고받았기 때문에 질량이 큰 지우는 힘의 효과가 작

게 나타나고 질량이 작은 지아는 큰 힘의 효과가 나타난다. 역시 지아가 더 멀리 밀려 나간다.

상황 ③

• 뉴턴 제3법칙(작용-반작용 법칙)

지우와 지아 모두 서로에게 힘을 가하는 경우 두 힘의 크기가 누적되기 때문에 상황 ①, ②보다 더 큰 힘을 주고받게 된다. 지아와 지우는 앞선 경우보다 더 큰 힘을 똑같이 받은 것이다.

• 뉴턴 제1법칙(관성 법칙)과 뉴턴 제2법칙(가속도 법칙) 동시 적용

마찬가지로 지우와 지아는 같은 힘을 서로 주고받았기 때문에 질량이 큰 지우는 힘의 효과가 작게 나타나고 질량이 작은 지아는 큰 힘의 효과가 나타난다. 상황 ①, ②와의 차이점은, 질량은 변함없지만 주고받은 힘이 더 커졌기 때문에 힘의 효과도 커져 둘 다 상황 ①, ②에 비해 더 멀리 밀려 나간다는 것뿐이다.

주고받은 힘의 크기는 똑같다.
↓

$$M_{지우} a_{지우} = F = m_{지아} a_{지아}$$

3×2=6=2×3

↑
단순한 숫자를 적용하면 훨씬 쉽게 상황 이해가 가능하다.

　　학교 교실에서 친구들과 손뼉 밀기 놀이를 해본 적이 있을 것이다. 이 놀이의 승패는 지면에서 발이 떨어지느냐 아니냐로 결정된다. 즉 힘의 효과(a)가 작게 나타나는 사람이 이긴다.

　　이때 작용-반작용에 의해 주고받은 힘은 서로 같으므로 이론적으로는 관성, 즉 질량(m)이 큰 사람이 항상 이기는 경기이다. 그러나 실제 놀이에서는 질량이 작은 사람도 이길 수 있다. 이는 자신에게 작용하는 힘을 가능한

한 적게 받도록 기술을 사용한 결과다. 여기서 말하는 기술이란 팔의 힘을 조절하거나 교묘하게 피해서 상대방이 가하려는 힘을 온전히 받지 않는 것이다.

작용-반작용을 통해 알 수 있듯이 힘은 홀로 존재하지 않으며 항상 '짝'으로 작용한다. 힘을 받는 사람이 피하면 힘은 작용하지 않아 반작용이 발생하지 않는다. 오히려 힘을 가하려는 사람이 반작용을 받지 않으면 균형이 무너져 지면에서 발이 떨어진다. 이 경우는 힘을 가하려는 사람이 뒤로 밀려서 지는 것이 아닌 앞으로 넘어지며 진다.

힘을 겨루는 씨름이나 격투기 같은 운동을 체급별로 나눠 시합하는 이유가 이해되는가? 아주 특별한 기술이 없는 한 힘 대 힘으로 체급을 극복해내는 것은 물리 법칙상 불가능하다. 따라서 우리는 체급을 무시한 경기(예: 어른과 어린이의 대결)를 불공정한 경기라고 판단한다. 이는 뉴턴 제3법칙과 제1, 2법칙을 동시에 적용한 결과를 본능적으로 이해하고 있기 때문이다.

인간 아이작 뉴턴

아이작 뉴턴은 인류 역사상 가장 영향력 있는 사람으로 꼽힌다. 그는 1687년 과학사에 한 획을 그은 저서 《프린키피아》를 발표해서 세상을 바라보는 시각과 방법에 혁명을 불러왔다. 세상 모든 물체의 운동을 해석하고 미래 운동을 예측할 수 있는 운동 법칙은 물론, 케플러의 행성 운동 법칙을 기반으로 모든 물체는 서로 끌어당기고 있다는 만유

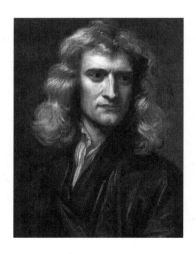

인력 법칙을 유도해냈다. 오랜 시간 동안 논란이 되어온 천동설과 지동설의 종지부를 찍은 것이다. 천상 세계와 지상 세계는 서로 다른 법칙이 지배한다는 기존의 관점을 부정하고, 천상과 지상이 같은 법칙으로 운용된다는 사실을 증명해 근대 과학의 혁명을 이루어냈다.

뉴턴은 역학뿐만 아니라 광학에도 뛰어난 업적을 남겼다. 오히려 광학 연구에 더 많은 시간을 몰입했다. 뉴턴식 반사 망원경을 제작했고, 프리즘을 통해 백색광을 다양한 색상의 스펙트럼으로 분해했으며 분해된 빛을 다시 프리즘에 통과시키면 더는 분산이 일어나지 않는다는 것을 발견해 백색광이 여러 색깔의 빛이 혼합된 것임을 밝혀냈다. 이것이 뉴턴의 '빛의 색채 이론'이다. 광학은 물론 수학적 업적도 뛰어나 자신의 운동 법칙을 기술하는 데 필요한 미적분법을 구상했으며 이항정리를 증명하고 거듭제곱 급수의 연구에도 기여했다.

뉴턴의 일화를 살펴보면 뉴턴은 말수가 적고 성품이 겸손했다고 한다. 뉴턴은 케임브리지대학의 추천으로 국회의원을 역임한 적이 있는데, 의정 활동 중에 단 한마디도 하지 않았다고 한다. 그러던 어느 날 뉴턴이 자리에서 일어나자 천재 뉴턴의 발언을 경청하려 국회가 숙연해졌다. 정작 그의 입에서 나온 말은 "찬바람이 들어오니 저 문 좀 닫아 주시오."였다고 한다. 또한 "내가 다른 사람보다 더 멀리 내다볼 수 있었다면, 그것은 거인의 어깨 위에 서 있었기 때문이다."라는 말은 뉴턴의 겸손한 성품을 나타내는 대표적인 일화로 전해진다.

그러나 이에 상반되는 일화도 상당히 많다. 자신과 경쟁 관계였던 학자 로버트 훅(탄성체의 힘을 정의한 '훅의 법칙'의 창시자)을 집요하게 공격하고 그의 업적을 가로챘다는 이야기가 있는가 하면, 거인의 어깨 위에 서 있었기 때문이라는 표현도 겸손이 아니라 등이 구부러져 있는 훅을 조롱하고 비꼰 것이었다는 말도 전해진다. 뉴턴은 왕립협회의 회장이 되자 협회에 전시된 훅의 초상화를 폐기했으며 혜성의 관측 결과를 두고 논쟁을 했던 플램스티드의 해석이 옳은 것으로 판명되자 수단과 방법을 가리지 않고 보복을 하는 등 치졸한 모습을 보였다. 또한 조폐공사에 재직할 당시 위조지폐범의 교수형에 자신이 발견한 만유인력이 적용되는 것을 보며 교수형 관람을 즐겼다고도 전해진다.

사람을 평가하거나 역사를 서술할 때는 서술자의 주관적인 관점이나 가치관이 개입될 수밖에 없다. 평가자와 서술자 모두 인간이기 때문이다. 하지만 물리학이나 수학 같은 분야는 제아무리 서술자가 인간이라고 해도 사람에 따라 해석이 달라질 수 없다. 이러한 학문들은 인간의 관점과 가치관의 개입을 허용하지 않는다. 물리학은 자연을 있는 그대로 해석하는 눈을 제공하며 이는 객관성을 담보로 한다. 객관성이 훼손된 물리학은 물리학이라 부를 수 없다.

무엇이 옳고 그른가는 시대에 따라 또는 개인의 가치관에 따라 달라진다. 21세기인 오늘날도 그때는 맞고 지금은 틀리다는 상황적 해석이 빈번하게 일어나고 있다. 이러한 혼란스러움이야말로 치열하고 복잡한 인간의 삶 그 자체일지도 모른다. 그러나 물리학은 이러한 혼란에서 자유롭다.

뉴턴이 어떤 성품의 소유자였는지 우리는 알 수 없다. 하지만 확실한 것은 자연은 기술하는 사람에 따라 달리 해석되지 않는다는 것이다. 이를 체계화해 집대성한 결과가 물리학이다. 이러한 특성 때문에 물리학은 인간의 삶과 동떨어져 있다고 평가하는 사람도 있지만, 기본적으로 인간은 변하지 않는 진리와 법칙을 알고자 하는 욕구를 지니고 있다. 따라서 물리학의 연구와 발전은 앞으로도 계속될 것이다.

4장

F=ma의 주인공, 힘의 여러 가지 모습

태어나서 죽을 때까지 받는 힘

중력

만유인력 법칙은 뉴턴이 사과나무에서 사과가 떨어지는 것을 보고 생각해낸 것으로 유명하다. 사과나무에 매달려 정지해 있던 사과가 아래로 떨어지는 변화의 원인을 '지구가 사과를 끌어당기는 힘'으로 해석한 것이다. 그렇다면 사과 역시 작용—반작용 법칙에 의해 지구를 같은 크기의 힘으로 끌어당길 것이다. 이제 사과와 지구의 물리적 요소를 양으로 표현하기만 하면 법칙이 완성된다. 우선 힘을 가할 존재($M_{지구}$)가 필요하다. 또한 힘을 받을 대상($m_{사과}$)도 필요하다. 둘 사이는 떨어져 있으며 이 양은 거리(r)로 표현할 수 있다. 이 중 거리는 서로의 공통적 요인이다. 뉴턴은 질량이 클수록 큰 힘을 가한다고 생각했다. 따라서 힘과 질량은 비례한다.($F \propto m$) 또한 사과와 지구는 거리(r)가 떨어져 있음에도 불구하고 서로에게 힘을 가한다. 즉 거리가 멀어질수록 끌어당기는 힘은 줄어들 것으로 예상했다.($F \propto \frac{1}{r}$)

뉴턴은 이 가설을 바탕으로 "질량이 있는 모든 물체는 두 물체의 질량의 곱에 비례하고 떨어진 거리의 제곱에 반비례한다."라는 만유인력 법칙을 완성했다.

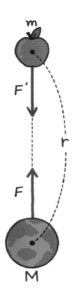

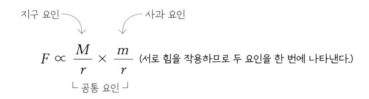

$$F \propto \frac{M}{r} \times \frac{m}{r}$$ (서로 힘을 작용하므로 두 요인을 한 번에 나타낸다.)

지구 요인 ⌐   사과 요인 ⌐

└ 공통 요인 ┘

이제 1장에서 알아봤던 것처럼 상수를 추가해 비례 기호인 '∝'를 '='로 바꿔 완벽한 법칙으로 만든다. 비례식을 등식으로 바꾸기 위해 실험으로 증명된 상수 값 G(만유인력 상수. $6.67 \times 10^{-11} \text{N} \cdot \text{m}^2/\text{kg}^2$)를 적용한다. 복잡한 숫자에 의미를 둘 필요는 없다. G가 만유인력 상수라는 사실만 알면 된다.

이때 거리(r)의 반비례가 아닌 거리의 제곱(r^2)의 반비례가 되는 이유

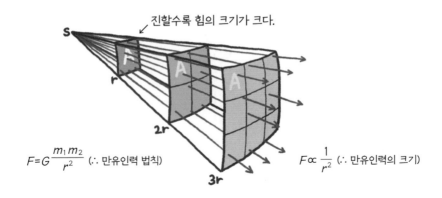

진할수록 힘의 크기가 크다.

$$F=G\frac{m_1 m_2}{r^2}$$ (∴ 만유인력 법칙) $$F\propto\frac{1}{r^2}$$ (∴ 만유인력의 크기)

거리가 멀어질수록 힘이 감당해야 할 영역이 넓어지므로 그만큼 약해진다.

는 힘의 작용 범위가 위 그림처럼 한 점에서부터 3차원 공간으로 균일하게 면적을 채우며 퍼져나가 약해지기 때문이다. 따라서 거리가 멀어질수록 힘의 크기는 $\frac{1}{r^2}$ 형태로 줄어든다. 이 법칙은 사과나 지구뿐 아니라 모든 물체, 심지어 우주의 행성들까지 확장해 적용할 수 있다. 우주 만물에 적용되는 힘이기에 문자 그대로 만유인력universal force이라 부르게 되었다. 정리하면, 만유인력은 질량을 가진 모든 물체가 서로 잡아당기는 인력(引力)을 의미하며, 신기한 점은 서로 접촉하지 않고 떨어져 있어도 힘이 작용한다는 것이다.

사과가 지구로 떨어지는 원인, 힘껏 뛰어올라도 지구를 벗어나지 못하고 결국에는 지구로 돌아오게 되는 원인을 설명하는 힘이 중력이다. 지구의 중력($F=mg$)은 지구에 적용되는 만유인력의 이름이다. 만유인력을 지구와 지구 위의 물체로 적용해보자.

$$F = G\frac{m_1 m_2}{r^2}$$

(m_1: 지구 질량, m_2: 물체 질량, r: 지구 반지름, G: 만유인력 상수)

이때 지구의 질량 m_1, 지구의 반지름 r, 만유인력 상수 G는 변하지 않는 고정값이다. 이 값을 미리 계산해놓으면 $G\frac{m_1}{r^2} \fallingdotseq 9.8\text{m/s}^2$가 된다. 이 상수 9.8에 특별한 이름을 부여해 **중력가속도**(g)라고 부르기로 했다. 지구 인력에 대한 힘의 효과(가속도)이기 때문이다. 지구가 물체 m_2에 작용하는 힘은 질량에 비례하므로 $F \propto m_2$로 나타낼 수 있으며 비례 상수를 추가하면 등식이 된다. 이 상수가 바로 중력가속도인 것이다.($F=gm_2$) 이제

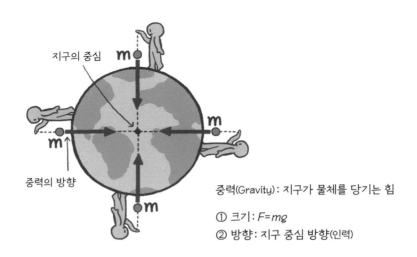

지구의 중심

중력의 방향

중력(Gravity): 지구가 물체를 당기는 힘

① 크기: $F=mg$
② 방향: 지구 중심 방향(인력)

마지막으로 m_2를 다시 일반화해 일반 질량 m으로 표현하고, 상수와 질량의 순서만 바꿔주면 지구가 물체를 당기는 힘인 중력을 아래와 같이 간단한 형태로 완성할 수 있다.

$$F = mg$$

만유인력은 거리에 따라 크기가 변하기 때문에 거리가 모두 같다면 같은 질량의 물체에는 동일한 힘이 작용한다. 이를 중력에 적용할 때, 지구 중심으로부터 거리가 같은 지점들을 대칭화하면 힘의 평형 상태가 유지될 수 있다. 이것이 지구가 구 형태인 이유다. 구는 힘의 균형을 유지할 수 있는 가장 안정된 기하학적 형태이기 때문이다. 따라서 다른 천체들 역시 특별한 경우를 제외하고는 모두 구 형태다.(지구가 완벽한 구가 아닌 이유는 자전 효과 때문이다.) 특히 핵융합으로 스스로 빛을 내는 별의 경우, 핵융합이 일으키는 폭발에 의한 압력(외부로 향하는 힘)과 천체 질량에 의한 중력(내부로 향하는 힘)의 균형점에서 별의 크기가 결정된다. 핵융합 재료가 소진되어 더는 핵융합을 할 수 없게 되면 폭발 압력과 중력 사이의 균형이 깨진다. 중력이 우세해지면서 별의 구성 물질이 중심 쪽으로 향하며 크기가 줄어들게 되는데, 이것이 늙은 별이 소멸하는 모습이다. 특히 질량이 거대한 별이 최종 단계에서 폭발하면 외부로 향하는 힘이 사라지고, 오로지 내부로 향하는 거대한 중력만이 남는다. 이 최종 수축 상태를 블랙홀이라고 한다. 즉 블랙홀은 시공간에 펼쳐진 극단의 중력 상태인 것이다.

지구 반지름으로 근사

만유인력($F = G\frac{m_1 m_2}{r^2}$)은 꽤나 복잡해 보인다. 그러나 지구와 지구 주위의 물체에 만유인력을 적용하면 간단하게 표현이 가능하다. 이것이 중력 $F = mg$이다. 복잡한 공식을 이렇게 단순하게 표현할 수 있는 이유는 만유인력에서 물체와 지구 중심 사이의 거리인 r은 지구 반지름의 길이로 근사할 수 있기 때문이다. 지구의 규모는 인간과 비교해 매우 거대하므로, 하늘 높이 나는 비행기라 할지라도 비행기의 높이는 지구 반지름에 비하면 충분히 무시할 수 있는 정도의 수치다.

이는 마치 서울에서 부산까지 500km 자동차 경주를 할 때, 출발선보다 0.1cm 뒤에서 출발했다고 기록에 영향을 미치지 않을까 고민하는 것과 같다. 즉 지구 반지름에 비해 무시할 수 있는 지구 표면에서 물체까지의 거리는 지구의 반지름으로 근사하는 것이 가능하다. 그러나 지구를 멀리 벗어나면 거리 요소를 무시할 수 없게 된다. 따라서 지구와 달의 인력을 구하려면 중력이 아닌 만유인력을 적용해야 한다.

중력과 무게의 관계

지구의 중력 $F = mg$가 곧 물체의 '무게'다. 물체의 무게는 지구가 물체를 당기는 힘의 크기를 측정한 것이고, 이는 지구와 물체 사이에 체중계를 놓으면 측정할 수 있다. 체중계 안에 있는 용수철이 지구가 물체를 당길 때 얼마나 압축되는지를 측정해 중력의 크기를 측정하는 원리다. 최근의 디지털 체중계는 용수철이 아닌 반도체 압력 센서를 사용하지만, 기본적인 원리는 똑같다.

달에 가면 무게가 줄어드는 이유

달에 가면 질량은 변하지 않지만, 무게는 약 6배 정도 줄어든다. 이를 $F=mg$로 해석해보자. 물체의 질량(m)은 물체 고유의 양으로 물체를 구성하는 원자의 양이다. 따라서 질량은 어느 곳을 가더라도 변하지 않는데, 이는 물체를 구성하는 원자의 종류와 원자의 양이 장소에 따라 달라지지 않기 때문이다.(만약 팔의 '질량'이 줄거나 없어졌다면 여러분은 팔을 잃은 것이다.) 그러나 무게는 양이 아닌 힘이므로 장소에 따라 달라진다. 달($m_달$)과 어떤 물체(m) 사이의 만유인력을 적용해보면, 달의 고정 요소들을 계산한 값은 $g_달 = G \frac{m_달}{r^2_{달반지름}} \fallingdotseq 1.63m/s^2$이며 이는 지구 $g_{지구} = G \frac{m_{지구}}{r^2_{지구반지름}} \fallingdotseq 9.8m/s^2$ 값의 16.6% 정도밖에 되지 않는다. 따라서 같은 질량의 물체라도 달에서의 물체의 무게(달의 중력: $F=mg_달$)는 지구에서의 무게(지구 중력: $F=mg_{지구}$)보다 상수 값 차이만큼 작은 것이다. 달 위의 물체는 지구보다 중심까지의 거리(반지름)가 가깝기 때문에 거리 요소로만 보면 달의 만유인력이 지구보다 커져야 하지만, 달과 지구의 큰 질량 차이가 지구의 만유인력을 달보다 크게 만든다.

중력가속도 g의 의미

중력가속도 g의 의미는 무엇일까? 가속도는 힘의 효과로 변화의 정도를 나타낸다. 즉 지구가 잡아당기는 중력에 의해 낙하하는 물체는 1초마다 9.8m/s의 속도 변화가 발생한다.(이제부터는 계산의 편의성을 위해 중력가속도를 $g=10m/s^2$으로 어림해 계산하겠다.) 따라서 지구 중력에 의해 낙하하는 물체의 속도는 공기 저항을 무시할 경우 어떤 물체라 하더라도 1초에 10m/s씩 빨라진다. 이것이 변하지 않는 지구 상수 중력가속도의 의미이다.

중력의 효과는 얼마나 될까?

중력가속도

중력의 기초 개념을 이해했다면, 중력에 의한 효과인 중력가속도에 관련된 문제 하나를 풀어보자.

높은 절벽 위에서 질량 1kg의 공을 공중에 가만히 놓았다.(단, 공기 저항은 무시하며 중력가속도 $g=10m/s^2$이다.)

① 3초 후 공의 속도는?

② 4초 만에 공이 지면에 닿았다면 이 절벽의 높이는 지면으로부터 몇 m일까?

③ 2초 만에 공을 지면에 닿게 하려면 얼마의 속도로 공을 던져야 할까?

정답: ① 30m/s ② 80m ③ 30m/s

이제 ①, ②와 같은 문제는 머릿속으로 5초 안에 답을 말할 수 있어야 한다. 중력가속도 값이 10으로 주어진 이상, 앞서 풀었던 '하루에 10만 원씩 돈을 벌 때 3일 후 가진 돈의 양'을 계산하는 것과 똑같은 문제이기 때문이다. 즉 문제 ①을 돈으로 바꾸면 다음과 같다. '하루에 10만 원씩 3일 벌었을 때 현재 가진 돈은? 단, 처음 가진 돈은 없다.'

돈 계산과의 비교	
돈 계산	낙하 물체 속도
1) 처음 가진 돈: 0원	1) 처음 속도: 0m/s (가만히 놓아 순간 정지된 상태)
2) 하루에 버는 돈: 10만 원	2) 1초당 속도 증가량 10m/s (중력가속도 10m/s²)
3) 3일 뒤 돈: 30만 원 (30=0+10×3)	3) 3초 뒤 공의 속도: 30m/s (30=0+10×3)
$\therefore v=v_0+at$	

중력에 의해 낙하하는 모든 물체는 1초에 10씩 빨라진다. 이것이 중력가속도($g=10m/s^2$)의 의미다. 뉴턴의 운동 제2법칙($a=\dfrac{F}{m}$)이나 시간당 속도 변화량($a=\dfrac{v-v_0}{t}$)을 통해 가속도를 따로 구할 필요가 없기 때문에, 지구에서의 낙하 문제는 돈 계산과 똑같이 머릿속에서 암산이 가능하다.

문제 ② 역시 바로 알 수 있다. 절벽의 높이는 곧 공의 이동 거리이기 때문이다. 공의 속도가 변하기 때문에 평균 속도를 구해야 하는데, 이는 앞서 알아본 것처럼 처음 속도(0)와 나중 속도(40)를 더해 절반으로 나누면 된다. 암산으로도 얼마든지 계산 가능한 쉬운 문제다. 즉 공은 평균 속도 20m/s로 총 4초 동안 운동했으므로 80m 거리를 이동한 것이고, 이것이 절벽의 높이가 된다.

$$\frac{0+40}{2} \times 4 = 80\text{m}$$

문제 ③ 역시 똑같은 원리를 적용하면 되는데, 묻는 것만 다를 뿐이다. 처음 던진 공의 속도를 v라고 했을 때 이 공이 2초 뒤 절벽의 높이인 80m를 이동하면 된다. 처음 속도 v, 2초 뒤 공의 속도는 $v+20$(처음 돈 +10만 원씩 이틀 번 돈)이다. 따라서 평균 속도 $\frac{v+(v+20)}{2}$로 2초 동안 운동한 변위가 80m이므로, 처음 던진 공의 속도는 30m/s이다.

• 연습 문제 1

절벽 위에서 30m/s로 공을 던져 올렸다. 공이 최고점에 도달할 때 걸린 시간은 얼마일까?

3초라는 대답이 바로 나와야 한다. 최고점은 물체의 속도가 순간 0이 되는 지점이며, 던져 올린 공은 운동 방향과 중력의 방향이 반대이므로 돈으로 생각하면 하루에 10만 원씩 버는 것이 아닌 10만 원씩 쓰는 것과 같다. 처음 30만 원을 가지고 있었으니 가진 돈이 0이 되는 시간(속도가 0이 되는 시간)은 3일(3초)이다.

• 연습 문제 2

30m/s로 공을 던져 올린 공이 올라간 최고점의 높이는 몇 m일까?

처음 속도가 30m/s, 나중 속도가 0m/s이므로 평균 속도는 15m/s이다. 평균 속도 15m/s로 3초 동안 운동했으므로 변위(높이)는 15m/s×3s=45m이다.

• 연습 문제 3

30m/s로 던져 올린 공이 다시 처음 던진 곳으로 되돌아오는 데 걸린 시간은 얼마일까?

정답은 6초다. 다시 문제를 돈으로 바꿔보자. 30만 원을 10만 원씩 써서 0원이 될 때까지 3일이 걸린다. 그다음부터는 다시 운동 방향을 바꾸기 때문에 하루에 10만 원씩 벌게 되는 것과 같다. 다시 처음의 30만 원이 되기까지는 역시 3일이 걸리기 때문에 총 6일이 걸린다. 즉 올라갈 때의 공의 운동과 내려올 때의 공의 운동은 완벽한 대칭을 이룬다.

다른 방법도 있다. 변위는 결과를 중시하는 물리량으로, 방향을 부호로 나타내 수와 함께 방향까지 같이 계산할 수 있다.

위 방향을 +, 아래 방향을 −로 설정하면 계속 아래 방향으로 작용하는 중력가속도는 −10m/s²으로 표현할 수 있다.

원래 위치로 돌아왔으므로 현재 위치는 출발점과 동일하다. 따라서 변위는 0이다.

처음 속도 30, 나중 속도 $30-10t$ → 평균 속도 $\dfrac{30+(30-10t)}{2}$ 로 t 초 동안 운동한 변위는 0이다.

$$\dfrac{30+(30-10t)}{2} \times t = 0 \rightarrow 6t - t^2 = 0 \rightarrow t(6-t) = 0 \quad \therefore t = 6$$

참고로 $t=0$도 방정식의 해이다. 그러나 이 경우는 전혀 운동을 하지 않아 변위가 0인 초기 상태를 의미한다. 따라서 문제에서 요구한 답이 아니기 때문에 과감히 버리면 된다.

수평으로 운동하는 물체와
수직으로 운동하는 물체의 분석 방법은 똑같다

수평 이동이든 수직 이동이든 똑같은 방법으로 문제를 해결하면 된다. 애당초 수평과 수직은 물리적으로 아무런 차이가 없기 때문이다. 수평과 수직은 우리가 편의상 정한 방향일 뿐이다. 다만, 수직 방향 아래에는 늘 지구가 존재하므로 중력의 존재만 잊지 않으면 된다. 반면 수평 방향으로는 힘을 작용하는 자연의 존재는 없다.

수직 이동에서 지구의 중력에 의한 힘의 효과는 $10m/s^2$로 일정하다.(지구의 밀도, 위도, 자전 효과로 인한 중력가속도 값의 차이는 무시한다.) 따라서 낙하하는 물체의 속도는 반드시 1초에 $10m/s$씩 빨라진다.

주의할 점은 속도가 변하기 때문에 위치 변화를 구할 때는 대표(평균) 속도를 구해야 한다는 것이다. 반면, 수평 이동은 속도 변화의 요인이 없기 때문에 속도가 일정하다. 따라서 평균 속도를 따로 구할 필요가 없다.

중력과 꼭 닮은 또 다른 힘

전기력

전기력은 **전하를 띠는 입자 사이에 작용하는 힘**으로 정의한다. 전하 electric charge는 전기 현상을 일으키는 원인으로 양전하(+), 음전하(−)의 두 종류가 있다. 전하의 개념을 어렵게 생각하는 경우가 많은데 쉽게 (+) 전기, (−)전기라고 생각하면 된다. 전기의 양 역시 숫자로 나타내며 이를 전하량이라고 한다. 물리학을 공부하다 보면 유독 전기 부분에서 물리학 자들이 헤맨 흔적을 많이 볼 수 있다. 이유는 단순하다. 전기는 눈에 보이지 않기 때문이다. 전기적 현상을 근거로 보이지 않는 원인을 알아내려다 보니 그런 것이다.

전기력은 두 전하량(보통 q_1, q_2라고 표기한다.)의 크기에 비례하고 떨어진 거리(r)의 제곱에 반비례한다. 전하량을 질량으로만 바꾸면 만유인력 법칙과 동일한 힘의 형태를 지니지만, 차이점도 있다. 전하는 질량과 달리 양과 음 두 종류이므로 힘도 인력(당기는 힘)과 척력(밀어내는 힘) 두 종류가 존재한다.(엄밀하게 말하면 두 방향으로 나타나는 전기력 현상을 설명하려고 전하를 두 종류로 설정한 것이다.) 서로 다른 전하 사이에는 인력이, 서로 같은 전하 사이에는 척력이 작용한다. 전기력의 법칙은 샤를

드 쿨롱이 실험으로 발견했으며 그의 이름을 따 쿨롱 법칙으로 불린다.

$$F = k\frac{q_1 q_2}{r^2}$$

(q_1: 전하1의 전하량, q_2: 전하2의 전하량, r: 두 전하 사이의 거리, k: 쿨롱 상수)

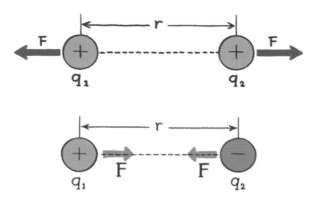

전기력을 시각화한 모습

① 크기: $F = k\frac{q_1 q_2}{r^2}$
② 방향: 인력(다른 종류의 전하 사이), 척력(같은 종류의 전하 사이)

쿨롱 법칙($F=k\frac{q_1 q_2}{r^2}$)은 만유인력 법칙($F=G\frac{m_1 m_2}{r^2}$)과 형태가 완벽하게 똑같다. 다소 복잡한 만유인력을 지구와 같은 구체적인 대상에 적용해 중력($F=mg$)으로 단순화시킬 수 있었다. 그렇다면 같은 형태의 전기력도 중력과 마찬가지로 더 단순하게 나타낼 수는 없을까? 물론 가능하다. 장fields이론으로 멋지게 해결해보자.

전기장electric field

전기력은 중력처럼 원거리력(접촉하지 않아도 작용하는 힘)이므로 장의 개념을 도입해 단순하게 표현할 수 있다. 공간에 놓인 전하는 '특별한 시공간 상태'를 만들어내며, 그 안에 다른 전하가 들어오면 이 전하는 '특별한 시공간 상태'의 경로를 따라 이동한다. 이동의 원인을 힘으로 정의할 때 이 힘을 전기력이라 부르며 특정 전하가 만든 '특별한 시공간 상태', 즉 전하를 끌어당기거나 밀어내는 잠재적인 능력을 전기장이라고 한다. 중력장과 전기장에 관해 제대로 이해하려면 아인슈타인의 일반상대성 이론을 먼저 살펴볼 필요가 있다.

장이론의 핵심, 아인슈타인의 일반상대성 이론

아인슈타인은 뉴턴의 만유인력과 달리 중력의 원인을 질량에 의한 주변 시공간의 **휘어짐**으로 정의했다. 다시 말해 사과가 지구로 떨어지는 이유는 지구의 질량과 사과의 질량 사이에 만유인력이 존재해서가 아니라 지구가 만든 휘어진 시공간을 따라 사과가 이동한 결과인 것이다.

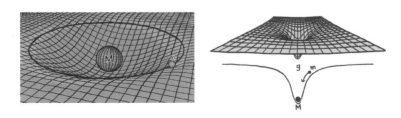

시공간을 상상한 모습. 단, 3차원 공간에서는 4차원을 시각화할 수 없다.

아인슈타인의 일반상대성 중력이론은 뉴턴의 만유인력 법칙으로 해결하지 못했던 수성의 세차운동 및 거대한 천체 주변에서 빛이 휘어지는 현상을 설명해냈다. 뉴턴의 만유인력은 거대한 질량 주변에서는 틀린 이론이었으며, 휘어진 시공간 자체가 중력이었던 것이다. 아인슈타인의 중력이론을 정리하면 다음과 같다.

'질량은 시공간을 휘게 하고(특별한 시공간 상태를 만들고), 휘어진 시공간은 이곳에 놓인 다른 물체의 이동 경로를 결정한다.'

장이론의 적용

이제 만유인력($F=G\dfrac{Mm}{r^2}$)을 중력($F=mg$)과 같게 놓는 이유를 다른 방법으로 해석할 수 있게 되었다. 거대한 질량 M은 그 주변에 '특별한 상태'(시공간의 휘어짐)를 만든다. 이를 g로 표기하고 중력장gravitational field으로 부르기로 한다. 이제 휘어진 시공간인 중력장에 질량 m인 물체가 놓이면 이 물체는 중력장을 따라 이동하게 되는데, 이를 m이 힘을 받아 운동한다고 해석하는 것이다.($F=mg$) 이제는 원거리력을 중력장의 개념을 통해 질량─중력장의 접촉력으로 볼 수 있게 되었다.

① 질량 M이 만든 특별한 시공간 상태는 물체의 이동 경로를 제공하며 이것이 중력장 g이다.

② 중력장 g에 놓인 또 다른 질량 m은 g의 경로를 따라 운동하므로 g

에 놓인 m으로 표현할 수 있다.(mg)

③ 즉 g에 따라 m이 이동하며, 이 운동의 원인을 힘(중력)으로 정의
한다.($F=mg$)

질량 M이 만든 특별한 시공간 상태 g

$\downarrow$

$$F = G\frac{Mm}{r^2} \rightarrow F = mg (\therefore g = G\frac{M}{r^2})$$

$\uparrow$

g 위에 놓인 m

이제 본격적으로 전기력($F=k\dfrac{Qq}{r^2}$)에 장의 개념을 도입해보자. 공간에
놓인 전하 Q는 주변에 '특별한 시공간 상태'를 만든다. 이를 간단히 E로
표기하고 전기장이라 부른다. 전기장은 다른 전하인 q의 존재와 관계없이
오직 Q에 의해서만 만들어진 것이다. 전기장의 중심에서 r만큼 떨어진 곳
에 다른 전하 q가 놓이게 되면 q는 전기장을 따라 운동하게 되는데, 이를
힘으로 나타낸 것이 전기력이다. ($F=qE$)

① 전하 Q가 만든 '특별한 시공간 상태'(전하를 밀거나 끌어당길 수 있
는 잠재적 능력) → E(전기장)

② 이곳에 놓인 또 다른 전하 q

③ E에 따라 q가 운동한다. 이 운동의 원인을 힘(전기력)으로 정의한다.

$$F = k\frac{Qq}{r^2} \rightarrow F = qE(\because E = k\frac{Q}{r^2})$$

*E*에 놓인 *q*

(*Q*가 만든 전기장의 개념을 이용해 중력처럼 공식을 단순화했다.)

이처럼 이해하기 어렵고 복잡해 보이는 장 개념을 도입한 이유는 중력과 전기력이 원거리력이기 때문이다. 힘은 기본적으로 물체 사이의 접촉을 통해 가해진다. 그러나 중력과 전기력 같은 힘은 접촉 없이 떨어져 있어도 힘을 작용할 수 있다. 이 부분이 이해하기 힘든 것이다. 따라서 한 점에서 생성되는 장이라는 개념을 도입하고, 장에 위치한 입자(질량 또는 전하)를 분리해 취급해서 멀리 떨어진 곳에서도 힘이 작용하는 원거리력의 원리를 설명해냈다. 즉 질량과 질량, 전하와 전하끼리의 접촉 대신 질량과 중력장, 전하와 전기장과의 접촉으로 힘의 작동 원리를 밝힌 것이다.

뉴턴과 아인슈타인의 차이

뉴턴은 운동의 주체인 '물체'에 초점을 맞췄다면, 아인슈타인은 운동이 펼쳐지는 배경인 '시공간'에 초점을 맞췄다.

중력장과 전기장

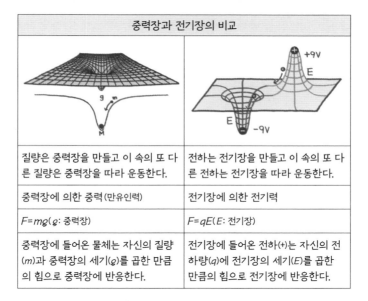

중력장과 전기장의 비교	
질량은 중력장을 만들고 이 속의 또 다른 질량은 중력장을 따라 운동한다.	전하는 전기장을 만들고 이 속의 또 다른 전하는 전기장을 따라 운동한다.
중력장에 의한 중력(만유인력)	전기장에 의한 전기력
$F=mg$(g: 중력장)	$F=qE$(E: 전기장)
중력장에 들어온 물체는 자신의 질량(m)과 중력장의 세기(g)를 곱한 만큼의 힘으로 중력장에 반응한다.	전기장에 들어온 전하(+)는 자신의 전하량(q)에 전기장의 세기(E)를 곱한 만큼의 힘으로 전기장에 반응한다.

원거리력인 만유인력과 전기력에 장 개념을 도입했다. 즉 각각 질량–중력장, 전하–전기장과의 접촉력으로 사고를 전환해 뉴턴이 정의한 힘($F=ma$)과 동일한 형태로 단순화한 것이다. 이로 인해 분모에 있던 거리 요소($\frac{1}{r^2}$)가 사라졌다.

수직으로 맞서는 힘

수직항력

수직항력 normal force은 물체가 접촉한 면이 작용하는 힘으로, 면에 수직 방향으로 작용한다. 중력이 우리를 지구 중심 쪽으로 잡아당기고 있으나 지구 중심으로 빨려 들어가지 않는 이유가 바로 지면이 떠받드는 수직항력 때문이다. 이때 **수직항력과 중력은 크기가 같고 방향이 반대**이며, 두 힘이 한 물체에 작용하므로 두 힘의 합력은 $0(\Sigma F = 0)$이다. 따라서 지상에서 있는 물체나 사람은 중력도 수직항력도 느끼지 못한다. 그러나 지면과 접촉이 떨어지면 떠받드는 수직항력이 없어져 중력의 효과가 나타나는데, 이것이 낙하다.

바이킹 같은 놀이기구를 탈 때 가장 높은 곳에서 떨어지는 순간 짜릿한 느낌이 든다. 이때를 흔히 '무중력 상태'라고 이야기하는데 이는 잘못된 표현이다. 실은 중력이 없는 상태가 아니라 반대로 중력의 효과를 느끼게 되는 상태로, 정확히 표현하면 '무수직항력 상태'라고 할 수 있다. 사람과 바이킹이 최고점에서 똑같은 속도로 자유 낙하하기 때문에 둘 사이의 접촉이 사라지고, 따라서 사람을 떠받치는 수직항력이 사라진 상태인 것이다.

앞서 수평 지면이 만들어내는 수직항력(N)은 물체의 중력(무게)과 크기가 같고 방향이 반대라고 이야기했다.($N=mg$) 그러나 수직항력이 중력(무게)과 같은 크기가 아닌 상황도 얼마든지 있다. 어디까지나 접촉한 면이 만들어낼 수 있는 한계 내에서만 물체의 무게와 같은 수직항력이 만들어지기 때문이다. 만약 나무 책상 위에 탱크를 올려놓으면 탱크는 책상을 부수며 아래로 떨어질 것이다. 책상 면이 만들어내는 수직항력이 탱크의 중력에 비해 턱없이 부족하기 때문에 합력은 0($\Sigma F=0$)이 될 수 없다. 물론 수직항력이 중력보다 클 수도 없다. 만약 수직항력이 더 크다면 책상 위에 있는 물체는 공중부양을 할 것이다. 이 때문에 수직항력에 항력(저항력의 일종으로, 접촉면이 파괴되지 않고 자신의 형태를 유지하기 위한 힘)이라는 단어가 붙은 것이다.

수직항력이 발생하는 면은 항상 지면과 나란할 것(수평 상태)이라는 생각도 경계해야 한다. 나란하지 않은 상황도 수없이 많다. 예를 들어 빗면에서는 수직항력이 물체의 중력(무게)보다 작다. 또한, 벽면에 힘을 가하면 벽면에 대한 수직항력이 발생한다. 그냥 서 있는 것보다 어딘가에 기대어 서 있는 것이 편한 이유는 기댄 면이 만들어낸 수직항력이 다리가 버텨야 할 힘을 일부 상쇄하기 때문이다. 수직항력은 상황에 따라 그 값이 달라지기 때문에 수직항력을 구할 수 있는 공식은 존재하지 않는다. 대신 숨은 힘을 밝혀내듯이 물체에 작용하는 힘의 평형 상태($\Sigma F=0$)를 통해 수직항력의 크기를 찾아낼 수 있다.

그림으로 보는 수직항력

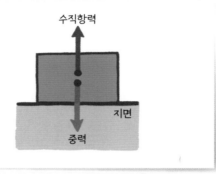

① 크기 : $N = mg$ (지면이 수평일 경우)

② 방향 : 접촉한 면과 수직 방향

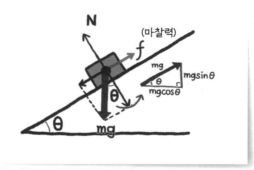

① 크기 : $N = mg\cos\theta$

② 방향 : 접촉한 면과 수직 방향 (※ 중력 mg 를 빗면으로 하는 작은 직각 삼각형의 x 좌표 길이=수직항력 N 의 크기)

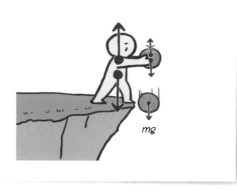

$$mg$$

· 사람($\Sigma F = 0$)

  중력 + 절벽면의 수직항력 = 0

  → 변화 없음(정지 상태 유지)

· 공($\Sigma F \neq 0$)

  → 수직 항력이 없어 중력의 효과가 나타남(낙하)

수평으로 맞서는 힘

마찰력

마찰력friction은 두 물체 사이의 접촉면에서 물체의 운동을 방해하는 힘이다. 마찰력은 접촉면의 거칠기(μ)가 거칠수록, 물체에 작용하는 수직항력(N)이 클수록 커진다. 즉 마찰력은 접촉면의 거친 성질과 수직항력에 비례한다.

$$f = \mu N$$

(마찰력은 특별하게 주로 소문자 f로 나타낸다.)

마찰 계수 μ(뮤)는 접촉면의 거칠기를 숫자로 나타낸 것으로 거칠수록 큰 숫자로 나타낸다. 참고로 마찰력을 상수가 아닌 계수라 일컫는 이유는 접촉면의 종류에 따라 거칠기 정도가 달라지는 것처럼, 상황이 달라지면 숫자가 변해야 하기 때문이다. 따라서 늘 같은 값만 갖는 상수와는 다르다.

마찰력은 물체의 무게인 중력이 아니라 수직항력에 비례한다는 것을 주의해야 한다. 수평면에서는 중력과 수직항력이 똑같은 크기이기 때문에 일반적으로 중력(무게)이 클수록 마찰력이 크다고 생각하는 경우가 많다.

그러나 마찰력은 접촉에 관련된 현상이므로 수직항력이 그 크기를 결정한다. 앞서 살펴본 대로 수직항력이 항상 중력과 크기가 같은 것은 아니다.

벽에 물체를 대고 손가락으로 눌러 물체를 떨어지지 않게 할 수 있다. 물체에 작용하는 중력과, 벽과 물체 사이에 작용하는 마찰력의 크기가 같아져 힘의 평형 상태가 된 것이다. 수직항력은 접촉면에 수직으로 가한 힘에 대한 항력이라면, 마찰력은 접촉면에 나란한(수평) 방향의 운동에 대한 항력이다.

① 크기: $f=\mu N$
② 방향: 운동을 방해하는 방향

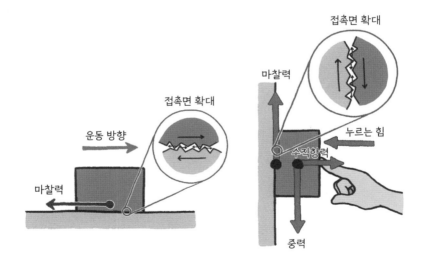

정지한 기차를 밀 때 히어로가 가한 힘의 방향과 기차에 작용하는 마찰력은 반대 방향이다.

달려오는 기차를 멈추는 히어로가 기차에 가한 힘의 방향과 기차의 마찰력의 방향은 일치한다.

※ 마찰력의 방향은 물체에 가한 힘의 방향이 아니라 물체의 운동 방향과 반대이다.

　　마찰력의 방향에 관해서도 주목해야 할 점이 있다. 마찰력은 물체에 가한 힘에 반대 방향으로 작용하는 것이 아니라 **물체의 운동을 방해하는 방향**으로 작용한다는 것이다. 브레이크가 고장 난 기차를 세우려는 슈퍼 히어로가 기차에 가한 힘의 방향과, 기차에 작용하는 마찰력의 방향이 일치하는 것을 생각해보면 알 수 있다.

진흙에 빠진 차를 빼내는 법

   마찰력을 정확하게 이해하고 있다면 뒷바퀴가 진흙에 빠져 앞으로 나가지 못하는 차를 빼낼 때 현명한 방법으로 상황을 해결할 수 있다. 헛바퀴가 돌면서 차가 전진하지 못하는 이유는 바퀴와 지면과의 접촉이 부족하거나 미끄러워 마찰력이 차를 움직일 만큼 충분하지 못하기 때문이다. 보통은 차를 앞으로 보내야 한다는 직관적인 생각으로 운전자를 뺀 나머지 동승자들이 차에서 내려 차 뒤에서 앞으로 밀곤 한다. 그러나 이는 그리 좋은 해결 방법이 아니다. 사람의 힘은 자동차의 추진력보다는 훨씬 약하기 마련이다. 따라서 사람보다는 자동차 추진력을 활용하는 편이 효과적이다. 그러려면 자동차의 추진력이 제대로 지면에 전달되도록 하는 것이 중요한데, 이때 마찰력의 요인 두 가지만 충족시키면 된다. 1)**마찰 계수**와 2)**수직항력**을 증가시켜 바퀴가 지면을 미는 힘의 반작용인 지면의 마찰력을 제대로 생성되도록 하는 것이다.

   첫째, 바퀴와 진흙 사이에 나무나 천 조각 등을 집어넣어 접촉면의 거칠기를 높인다.($\mu\uparrow$)

   둘째, 동승자들은 차에서 내리는 대신 차 트렁크를 열고 그 위에 올라타 자동차의 무게를 늘려 지면의 수직항력을 높인다.($N\uparrow$, 자동차가 후륜 구동일 경우)

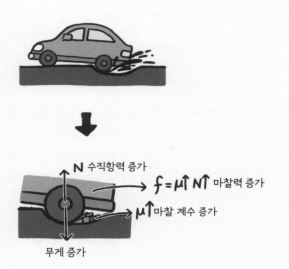

마찰력은 접촉에 대한 항력이기 때문에 접촉을 크게 해줄수록 마찰력이 커진다. 뒷바퀴 쪽에 무게를 높여 바퀴에 작용하는 수직항력을 증가시켰고, 바퀴와 진흙 사이에 나무나 천 등을 채워 마찰 계수를 증가시켰다. 결국 마찰 계수와 수직항력은 모두 접촉을 통한 항력을 끌어내는 요소다. 이제 자동차의 마찰력이 최대가 된 상태이므로 진흙탕을 벗어날 가능성이 높아졌다. 추진력의 반작용인 마찰력을 이용하지 않은 채 뒤에서 차를 힘껏 밀어봤자 차는 빠져나올 생각을 하지 않는다. 오히려 뒷바퀴에서 튕겨 나오는 진흙만 잔뜩 뒤집어쓸 뿐이다.

팽팽한 줄에 걸리는 힘

장력

장력은 '줄이 팽팽한 긴장 상태를 유지할 때 줄이 물체에 작용하는 힘'으로 정의한다. 따라서 줄의 장력이 존재하면 줄에 매달린 물체는 장력으로 인해 운동에 제한을 받는다. 장력의 방향은 팽팽해진 줄에 연결된 물체를 줄의 중심 쪽으로 당기는 방향이 된다. 장력 역시 수직항력처럼 힘의 법칙이 없다. 팽팽해진 줄에 매달린 물체가 정지해 있거나 등속 운동을 하는 경우, 즉 힘의 평형 상태($\Sigma F=0$)를 이용해 역으로 장력의 크기를 알아낼 수 있다.

150쪽 그림에서 F_1은 물체가 줄을 당기는 힘, F_2는 줄이 물체를 당기는 힘으로 두 힘의 크기는 같다. F_3과 F_4의 크기 역시 같은데, F_3은 천장이 줄을 당기는 힘, F_4는 줄이 천장을 당기는 힘이다. F_1과 F_2, F_3과 F_4는 각각 작용―반작용의 관계다. 여기서 주의할 점은, F_1과 F_3의 크기도 같다는 것이다. 그 이유는 F_1과 F_3 모두 '줄'이라는 한 물체에 작용하는 힘이며, 이때 힘의 평형 조건이 적용되기 때문이다. 따라서 그림에서 작용하는 모든 힘의 크기는 같으며,($F_1=F_2=F_3=F_4$) 팽팽해진 줄은 물체의 무게(F_1)를 고스란히 천장(F_4)에 전달한다.

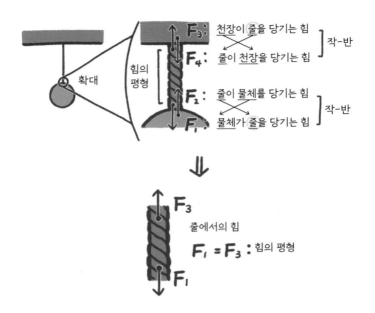

F_3: 천장이 줄을 당기는 힘

F_4: 줄이 천장을 당기는 힘] 작-반

F_2: 줄이 물체를 당기는 힘

F_1: 물체가 줄을 당기는 힘] 작-반

확대

힘의 평형

줄에서의 힘

$F_1 = F_3$: 힘의 평형

즉 팽팽해진 줄은 줄의 한쪽 끝에 작용하는 힘을 고스란히 줄 반대편으로 전달할 수 있다. 줄은 힘을 그대로 전달하면서도 모양의 변화가 가능하다는 특성 덕분에 일상에서 유용하게 활용된다. 가방끈은 이러한 줄의 물리적 특성을 이용하는 대표적인 사례다. 가방에 담긴 물체의 무게는 그대로 사람에게 전달되지만, 손으로 들 때는 손의 모양에 맞게, 어깨에 멜 때는 어깨의 곡률 모양에 맞게 줄의 형태가 변화하기 때문에 신체에 밀착되어 안정적으로 무게를 지탱할 수 있다.

줄의 특성을 활용한 가장 대표적인 도구가 바로 도르래인데, 물리 문제에 자주 등장해서 물리를 공부하는 사람들에게는 익숙하지만 반갑지 않은 존재일 것이다. 그러나 도르래는 복잡하거나 특별한 장치가 아니라 줄

자체의 특성을 이용한 도구일 뿐이다. 도르래에 관해서는 8장 '일의 원리와 도구' 부분에서 더 자세히 알아보겠다.

'단, 줄의 질량은 무시한다.'라는 문구의 의미

물리학 문제를 풀다 보면 '물체가 매달린 줄의 질량은 무시한다.'라는 문구가 자주 등장한다. 그 이유는 힘의 법칙이 없는 줄의 장력을 운동 법칙을 통해 쉽게 구하기 위해서다. 줄의 질량이 0이라면 줄이 물체와 함께 어떤 가속도로 운동을 하더라도 줄에 걸리는 합력은 0이 되므로($\Sigma F = 0 \times a = 0 \rightarrow \Sigma F = 0$) 힘의 평형 조건을 사용할 수 있다. 즉, 원래는 뉴턴의 제2법칙을 적용해야 하는 경우에도 뉴턴의 제1법칙을 적용할 수 있도록 문제 상황을 임의로 조작한 것이다.

관성좌표계란?

힘을 받지 않아 가속도가 없는 정지 또는 등속도 상황이 일어나는 기준 틀을 관성좌표계라 한다.(예: 정지해 있는 일상 공간) 반대로 힘을 받아 가속되는 기준 틀은 비관성좌표계라고 한다.(예: 롤러코스터를 탄 상황) 즉 관성좌표계는 뉴턴의 운동 제1법칙(관성 법칙)이 성립하는 환경을 의미한다. 비관성좌표계 속의 물체는 힘을 받지 않아도 가속도를 갖게 되므로 뉴턴 제1법칙에 위배된다. 정지한 물체가 계속 정지해 있을 수 없기 때문이다. 뉴턴은 운동의 원인을 힘의 유무로 구분했기 때문에 자연스럽게 힘이 작용하지 않는 상황을 기준으로 좌표계를 설정했다. 힘을 받지 않는 상황인 갈릴레이의 관성 법칙을 자신의 제1법칙으로 설정한 것도 이러한 이유다. 비관성좌표계가 기준이 될 수도 있지만, 그랬다면 지금의 물리 법칙들은 다른 형태로 발전했을 것이다. 이는 반대로 이야기하면 뉴턴의 체계가 오늘날 물리학의 확고한 기준이라는 뜻이기도 하다.

나 다시 돌아갈래

탄성력

탄성력은 변형된 탄성체가 원래 모양으로 되돌아가려는 힘이다. 탄성체란 탄성력을 지닌 물체, 그중에서도 탄성력이 뛰어나게 큰 물체를 말하며 용수철과 고무줄이 대표적이다. 탄성력의 크기는 기본적으로 탄성체의 고유 성질이 포함된다. 같은 힘을 가해도 원래대로 되돌아가려는 힘이 강한 탄성체가 있고 약한 탄성체가 있기 때문이다. 이러한 탄성체의 성질은 탄성 계수(k)로 나타낸다. 탄성력이 강할수록 k값이 크다. 이는 마찰력에서 마찰 계수(μ)가 거친 면일수록 값이 큰 것과 동일하다.

힘을 가해 탄성체의 모양을 많이 변화시킬수록 원래대로 돌아오려는 탄성력도 커진다. 힘을 가해 변형의 정도가 커질 때 원래대로 돌아오려는 탄성력이 증가하지 않는 물체는 탄성체가 아니다. 예를 들어 찰흙은 손으로 주물러 기존 형태에서 변화를 줘도 원래 모습으로 돌아가려 하지 않으므로 탄성체로 볼 수 없다. 따라서 탄성체의 탄성력은 탄성체의 변형 정도인 변형 길이($\triangle x$)에 비례한다.

$$F = -k \triangle x$$

이를 훅의 법칙Hooke's law이라고 한다. 그렇다. 뉴턴이 집요하게 조롱했던 그 훅이다.(115쪽 참고) 여기서 '−'를 주목할 필요가 있다. 이제는 감을 잡았겠지만 '+' 또는 '−'는 방향을 의미한다. 탄성력이 작용하려면 우선 탄성체를 변형해야 한다. 변형을 주려면 반드시 힘이 필요하다. 탄성체를 변화시키는 힘을 변형력이라고 한다면, 탄성체가 다시 원래의 형태로 되돌아가려 작용하는 탄성력은 언제나 변형력의 반대 방향으로 작용한다. 변형력을 '+'로 하기 때문에 탄성력엔 항상 '−' 표기가 붙는 것이다. 즉 탄성력은 변형에 대해 원상태를 회복하려는 복원력이다.

마찰력($f=\mu N$)에는 '−'가 붙지 않는 이유를 이제 정확히 이해할 수 있다. 탄성력은 항상 변형력의 반대 방향으로 작용하지만 마찰력은 힘의 방향이 아니라 물체의 운동 방향의 반대 방향으로 작용하기 때문에 힘의 표현에서는 '−'를 붙일 수 없는 것이다.

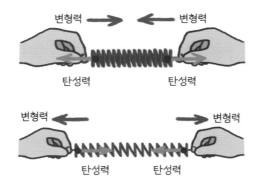

탄성력의 크기는 $F=-k\Delta x$로 나타내며, 방향은 탄성체에 가한 변형력의 방향과 반대로 작용한다.

간단히 정리한 여러 가지 힘

이 장에서는 $F=ma$라는 유명한 등식에서 F에 해당하는 힘들에 관해 살펴봤다. 각 힘의 분류와 힘의 크기를 구하는 방법은 다음과 같다.

원거리력	
만유인력	전기력
$F=G\dfrac{m_1 m_2}{r^2}$ (접촉력으로 단순화) ↓ $F=mg$	$F=k\dfrac{q_1 q_2}{r^2}$ (접촉력으로 단순화) ↓ $F=qE$

+

접촉력			
마찰력	탄성력	수직항력	장력
$f=\mu N$	$F=-k\Delta x$	※ 공식이 없음 운동 법칙을 통해 값을 구함	

‖

여러 가지 힘					
중력	전기력	마찰력	탄성력	수직항력	장력
$F=mg$	$F=qE$	$f=\mu N$	$F=-k\Delta x$	※ 공식이 없음	

'단, ○○○은 무시한다.'라는 문구가 중요한 이유

물리 문제를 접했을 때 '단, 공기 저항은 무시한다.' '단, 마찰력은 무시한다.' '단, 물체의 크기는 무시한다.' '단, 실의 무게와 용수철의 무게는 무시한다.'와 같은 조건을 자주 봤을 것이다. 실제로는 공기 저항이 있는데 왜 공기 저항이 없다고 가정할까? 마찰력이 없을 수 없는데 왜 마찰력이 없다고 가정할까? 뭐 이렇게 무시할 것이 많은 것일까?

물리학은 가능한 한 단순한 상황을 만들어 분석할 대상을 최소화한다. 복잡한 문제를 단번에 해결하는 것은 누구에게나 어렵기 때문이다. 여기서 어렵다는 것은 실제 문제의 난도가 높다는 것이 아니라 반복적이고 시간이 오래 걸리는 귀찮은 문제라는 것을 의미한다. 따라서 물리는 분해를 통해 문제를 단순화하는 분석 기법을 활용한다. 가장 단순한 상태에서의 원리를 파악하면 다른 요소들은 이 원리의 반복이기 때문에 굳이 전부를 다 해볼 필요가 없다. 마치 덧셈의 원리를 알고 있으니 전 세계의 덧셈 문제를 모두 다 풀어볼 필요가 없는 것과 같다.

물리를 공부하는 여러분에게 우선적으로 필요한 것은 분석 능력이다. 이러한 분석 능력을 키우기 위해 가장 단순한 상태의 조건을 제시해서 원리 파악을 수월하게 하도록 하는 것이다. 문제나 실험 상황이 아닌, 실제 자연 현상에 가까운 문제를 해결하는 시뮬레이션을 컴퓨터로 계산하는 것도 같은 이유다. 특별한 원리의 적용이 필요한 부분이 아니라 기존 법칙의 단순 반복이므로, 굳이 원리를 아는 사람이 직접 계산할 필요는 없기 때문이다. 똑똑한 인간은 컴퓨터라는 계산 기계를 이용해 반복적이고 지루하며 시간이 많이 걸리는 단순 계산에서 해방될 수 있었다.

5장

어려운 물리 쉽게 이해하기:
물리 문제 해결 실전

모든 물리 문제의 출발점

비례와 반비례 관계

물체의 모든 운동은 앞서 알아본 뉴턴의 3가지 법칙 안에서 이루어진다. 운동의 원인인 힘의 다양한 형태에 관해서도 4장에서 모두 이해했다. 이처럼 간단한 것들이 물리적 상황에 적용되고 문제가 되면 왜 그렇게 어려워지는 것일까? 실제로 물리학 기본 문제는 굉장히 쉽다. 따라서 문제의 난도를 높이기 위해 다양한 조작을 한다. 대표적인 조작은 단일 물체가 아닌 다중 물체의 운동으로, 질량이 서로 다른 물체의 운동을 한 번에 제시하는 것이다. 그러나 이 역시 매우 단순하다. 원래 단순한 내용을 의도적으로 복잡하게 만들려고 한 것뿐이니 그 실체 역시 단순할 수밖에 없다. 따라서 물리학에서 묻는 어려운 문제는 딱 **두 가지 유형**으로 구분할 수 있고, 이를 정확히 구분할 수 있으면 물리 문제를 쉽게 해결할 수 있다. 구분한다는 의미는 바로 1장 '공식 만들기 원리'에서 다뤘던 비례-반비례 관계를 밝힌다는 뜻이다. 즉 자연의 원칙 그 출발점으로 다시 회귀해 문제를 바라보는 것이다.

질량-힘 비례 관계(직렬형)

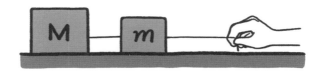

큰 질량(M)의 물체와 작은 질량(m)의 물체는 줄에 연결되어 있으므로 운동의 공동 운명체이다. 함께 정지해 있거나 함께 운동하거나 둘 중 하나일 뿐이다. 즉 두 물체의 가속도는 언제나 똑같다. 앞서 연결된 두 물체의 가속도를 구할 때, 두 질량을 더해서 마치 한 덩어리인 물체처럼 계산할 수 있던 이유가 바로 이 때문이다.($a = \frac{\Sigma F}{\Sigma(M+m)}$)

이제 생각의 방향을 바꿔보자. 똑같이 잡아당겼는데 어떻게 큰 질량(M)과 작은 질량(m)의 가속도가 똑같을 수 있을까? 만약 각각의 물체에 똑같은 힘이 작용했다면 질량이 큰 물체는 작은 가속도, 질량이 작은 물체는 큰 가속도가 발생하게 된다. 따라서 질량이 다른 두 물체가 동일한 가속도가 되었다는 것은 힘이 다르게 작용했다는 것을 의미한다. 즉 한 번에 잡아당기는 동작이지만 두 물체는 각기 다른 크기의 힘을 받은 것이다. 동일한 가속도라는 결과를 만들기 위해 질량이 큰 물체에는 큰 힘이, 질량이 작은 물체에는 작은 힘이 작용한다.

이를 '다른 원인(합력)-같은 결과(가속도)'로 부르기로 하자. 질량과 합력 사이의 비례 관계를 의미하며 이와 같은 인과관계의 문제를 편의상 '직렬형' 문제라고 하겠다.

질량-가속도 반비례 관계(병렬형)

큰 질량(M)의 물체와 작은 질량(m)의 물체가 서로에게 힘을 가하는 형태다. 서로에게 작용하는 힘은 작용─반작용 관계이므로 크기가 같다. 서로에게 똑같은 크기의 힘이 가해졌기 때문에 질량이 큰 물체에 작은 가속도, 질량이 작은 물체에 큰 가속도가 발생한다. 물체의 질량은 서로 다른데 작용하는 원인은 같기 때문에 힘의 결과가 다를 수밖에 없다. 물체의 충돌에 관한 문제가 바로 이러한 형태의 예시다.

이를 '같은 원인(합력)─다른 결과(가속도)'로 부르기로 하자. 질량과 가속도 사이의 반비례 관계를 표현한 것이다. 앞서 설명한 것과 마찬가지로 이와 같은 인과관계의 문제를 지금부터 '병렬형' 문제라고 하자.

다른 원인-같은 결과

직렬형 문제인 '다른 원인–같은 결과'를 $F=ma$ 대신 $6=3\times2$와 같이 숫자의 형태로 확인해보자. 가속도에 해당하는 값 2가 일정하다면 질량에 해당하는 3이 커질수록 힘에 해당하는 6도 그만큼 커진다. 반대로 질량 3이 작아지면 힘 6도 그만큼 작아진다. 즉 같은 가속도를 만들어내려면 질량이 클수록 더 많은 힘을 가해야 한다는 것을 알 수 있다. 따라서 물체의 질량과 합력은 비례 관계다.

같은 원인-다른 결과

병렬형 문제인 '같은 원인–다른 결과' 역시 $F=ma$ 대신 $6=3\times2$의 숫자 형태로 다시 비유해보자. 합력에 해당하는 6이라는 값이 고정되어 있다면 질량에 해당하는 3이 커질수록 가속도 2는 그만큼 작아지고, 질량 3이 작아지면 반대로 가속도 2는 커진다. 즉 질량과 가속도는 반비례 관계다.

물리학 문제는 모두 위의 단순한 두 가지 유형으로 나뉜다. 둘 중 하나인 이지선다의 문제 유형을 정확히 구분하지 못해 물리 문제를 어렵게 느꼈던 것이다.

직렬형 문제의 두 가지 해결 방법

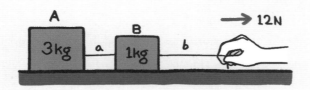

질량 3kg인 물체 A와 질량 1kg인 물체 B가 실로 연결된 상태로 정지되어 있다. 12N의 힘으로 실을 잡아당겼을 때 줄 a의 장력은 얼마일까?(단, 마찰력과 실의 질량은 무시한다.)

• 첫 번째 방법: 가속도를 먼저 구하는 풀이
Step 1. 함께 운동하므로 한 물체로 간주하고 가속도를 계산한다.

$$a = \frac{\Sigma 12}{\Sigma(3+1)} = 3\,m/s^2$$

Step 2. 물체 A에 작용하는 합력: $\Sigma F = ma \rightarrow 3kg \times 3m/s^2 = 9N$
물체 B에 작용하는 합력: $\Sigma F = ma \rightarrow 1kg \times 3m/s^2 = 3N$

총 12N의 힘이 물체 A와 B에 각각 9N, 3N으로 나뉘어 작용한 결과 동일한 가속도 $3m/s^2$가 나타난다.

Step 3. 물체 A로 풀기: 물체 A에 작용하는 힘은 장력 a뿐이며 이 값이 9N이다.
물체 B로 풀기: 물체 B가 받는 힘은 장력 b와 장력 a이다. 합력이 3N, 장력 b는 12N이므로 장력 a는 역시 9N이다.

• 두 번째 방법: 합력을 먼저 구하는 풀이

Step 1. 함께 운동하므로 두 물체의 가속도는 동일하다. 질량과 합력은 비례하므로 합력의 비는 질량비와 같은 3 : 1이 된다. 질량이 큰 물체는 세게, 질량이 작은 물체는 살살 당겨야 둘의 변화를 동일하게 만들 수 있다. 즉 가해진 12N 중 9N이 A, 나머지 3N이 B에 사용되어 동일한 변화(가속도)가 발생한 것이다.

Step 2. 물체 A로 풀기: 물체 A에 작용하는 힘은 장력 a뿐이며 이 값이 9N이다.
물체 B로 풀기: 장력 b는 실을 잡아당기는 힘인 12N이므로 장력 a는 9N이다.

12N을 질량비 3 : 1로 나눔으로써 특별한 계산 없이 물체에 작용하는 합력을 바로 구했다. 만약 물체의 가속도를 묻는다면 합력을 각각의 질량으로 나누면 된다. ($a = \dfrac{F}{m}$ → A: $a = \dfrac{9\text{N}}{3\text{kg}} = 3\text{m/s}^2$, B: $a = \dfrac{3\text{N}}{1\text{kg}} = 3\text{m/s}^2$)

비례와 반비례 관계의 확장 적용

원인과 결과의 구분

직렬형(다른 원인-같은 결과), 병렬형(같은 원인-다른 결과)은 다른 모든 물리학 분야에도 확장 적용할 수 있다. 과학 시간마다 우리를 괴롭혔던 저항의 연결(직렬 연결과 병렬 연결), 파동의 굴절, 전자기파의 파장 영역 구분 등 여러분을 혼란스럽게 만들었던 모든 물리적 내용은 사실 이 두 가지만 정확하게 구분할 수 있으면 쉽게 해결되는 내용이다.

① 저항의 직렬 연결

전기 회로에서 저항의 직렬 연결은 전류가 흐를 수 있는 길이 단 1개 뿐이다. 따라서 값이 큰 저항과 작은 저항에 모두 똑같은 크기의 전류가 흐른다. 큰 저항과 작은 저항에 같은 크기의 전류가 흐를 수 있는 이유는 큰 저항(↑)에는 더 큰 전압(↑)이 걸리고 작은 저항(↓)에는 작은 전압(↓)이 걸리기 때문이다. 즉 저항의 직렬 연결 방법은 원인이 달라(전압) 결과가 같아지는(전류) 저항의 연결 방법인 것이다. 전류가 2로 일정할 때, 큰 저항(3)에 걸리는 전압(6)[$6 = 3 \times 2$], 작은 저항(2)에 걸리는 전압(4)[$4 = 2 \times 2$]으로 다른 원인-같은 결과에 해당한다.

① 다른 원인(합력)-**같은 결과(가속도)**   ② **같은 원인(합력)**-다른 결과(가속도)

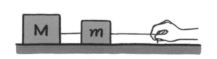

$$\frac{\Sigma F}{m} = a = \frac{\Sigma F}{m}$$ VS $$m_a = F = m a$$

〈특징〉 질량비 ∝ 합력비   〈특징〉 질량비 ∝ $\dfrac{1}{\text{가속도의 비}}$

⇩   ⇩

① 저항의 직렬 연결   ② 저항의 병렬 연결

다른 원인(전압)-**같은 결과(전류)**   **같은 원인(전압)**-다른 결과(전류)

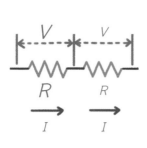

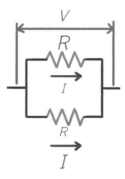

$$\left(\frac{V}{R} = I = \frac{V}{R}\right)$$ VS $$\left(R \times I = V = R \times I\right)$$

〈특징〉 저항비 ∝ 전압비   〈특징〉 저항비 ∝ $\dfrac{1}{\text{전류비}}$

② 저항의 병렬 연결

저항이 병렬로 연결되어 있으면 전류가 갈 수 있는 길이 2개 이상이기 때문에 큰 저항(↑)에는 적은 전류(↓)가 흐르고 저항값이 작은 저항(↓)에는 많은 전류(↑)가 흐른다. 따라서 전기 저항이 병렬로 연결된 회로에 걸리는 전압은 같다.($3 \times 2 = V = 2 \times 3$)

뉴턴의 법칙과 옴의 법칙

옴의 법칙Ohm's law은 전압, 전류, 저항 사이의 관계를 규명한 법칙으로
전기 분야에서 뉴턴의 운동 법칙과 같은 위치를 차지하고 있다.

뉴턴의 운동 제2법칙	옴의 법칙
$a = \dfrac{F}{m} \rightarrow F = ma$	$I = \dfrac{V}{R} \rightarrow V = IR$

빗면 낙하 vs 수직 낙하

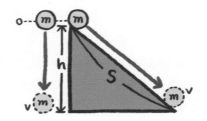

수직 낙하	빗면 낙하
공통점	
초기 속도 0, 최종 속도 v → 평균 속도 $\dfrac{v}{2}$	
차이점	
짧은 거리 이동$(h < s)$	긴 거리 이동$(s > h)$
$h{\downarrow} = \dfrac{v}{2} \times t{\downarrow}$	$s{\uparrow} = \dfrac{v}{2} \times t{\uparrow}$
짧은 운동 시간$(t{\downarrow})$ → 지면에 먼저 도착	긴 운동 시간$(t{\uparrow})$ → 지면에 늦게 도착

같은 높이에서 수직으로 낙하하는 물체와 빗면을 타고 내려오는 물체의 공통점은 지면에 닿을 때 속도가 똑같다는 것이다. 이를 증명해보자. 수직 낙하하는 물체는 중력에 의한 효과가 가장 크게 나타난다.(g=10m/s^2) 반면, 빗면을 내려오는 물체는 빗면의 수직항력이 중력의 효과를 감소시킨다. 따라서 중력가속도보다 작은 가속도($\downarrow$)로 가속을 하게 된다. 따라서 수직 낙하하는 물체는 큰 가속도로 짧게 가속되고, 빗면을 타고 내려오는 물체는 작은 가속도가 오래 누적되어 최종적으로 같은 속도(v)가 되는 것이다.

$$a\uparrow \times t\downarrow = v = a\downarrow \times t\uparrow$$

(수직 낙하 – 해병대 교관)　　　(빗면 낙하 – 엄마)

(* 해병대 교관과 엄마에 대한 비유는 243쪽 "충격량을 가하는 두 가지 패턴" 참고)

※ 다른 원인 – 같은 결과, 같은 원인 – 다른 결과는 물리 현상을 언어적으로 설명하다 보니 주체와 객체를 어떻게 설정하느냐에 따라 상황이 달라질 수 있다. 즉 속도를 결과로 보면 다른 원인(가속도) – 같은 결과(속도)가 되지만 속도를 원인으로 보면 같은 원인(속도) – 다른 결과(가속도)가 된다. 따라서 언어적 표현 자체를 암기하지 말고 원인과 결과에 따라 물리 현상을 둘로 단순하게 구분할 수 있다는 것에 초점을 두자.

코끼리와 개미가 동시에 떨어진다면?

사고 실험의 증명

낙하하는 물체는 질량과 관계없이 똑같이 떨어진다는 것을 갈릴레이의 사고 실험과 등가속도 운동의 분석으로 확인할 수 있었다. 이제 마지막으로 뉴턴 운동 법칙을 이용해 증명해보자. 이 역시 '다른 원인-같은 결과'와 '같은 원인-다른 결과'를 벗어나지 못하는 주제다.

공중에서 동시에 코끼리와 개미를 놓았다고 가정해보자. 코끼리와 개미는 지구의 중력에 의해 자유 낙하를 시작한다. 자유 낙하란 오로지 중력만 작용되는 상태로 낙하 운동을 하는 상황을 말한다. 즉 공기 저항 등의 다른 힘은 고려하지 않는다는 것이다. 결과는 알다시피 코끼리와 개미가 동시에 지면에 도착한다.

지구와 코끼리의 관계(같은 원인-다른 결과)

공중의 코끼리는 지구의 중력(작용)을 받고 코끼리는 지구를 잡아당긴다.(반작용) 이 두 힘의 크기는 같지만, 지구의 질량(M_∞)은 코끼리에 비하면 거의 무한대에 가까우므로 이 거대한 관성에 대한 가속도(a_0)는 0이 된다. 반면 코끼리는 지구에 비해 질량($M_{코끼리}$)이 매우 작기 때문에 큰 가속도($a_{코끼리}$)로 낙하한다.

$$M_\infty a_0 = F = M_{코끼리}\, a_{코끼리}$$

(M_∞: 지구의 질량, a_0: 지구의 가속도, $M_{코끼리}$: 코끼리의 질량, $a_{코끼리}$: 코끼리의 가속도)

지구와 개미와의 관계(같은 원인-다른 결과)

개미 역시 지구의 중력(작용)에 의해 낙하를 시작한다. 그러나 개미가 지구를 당기는 같은 크기의 힘(반작용)은 거대한 질량의 지구를 가속시킬 수 없다.

$$M_\infty a_0 = F = m_{개미}\, a_{개미}$$

(M_∞: 지구의 질량, a_0: 지구의 가속도, $m_{개미}$: 개미 질량, $a_{개미}$: 개미의 가속도)

코끼리와 개미의 관계(다른 원인-같은 결과)

지구–코끼리, 지구–개미의 관계에서 공통으로 포함된 지구를 제외하고, 코끼리와 개미의 관계로 관점을 옮겨보자. 당연히 코끼리와 개미 사이에 작용하는 힘은 없다. 둘 다 지구의 중력에 의해 낙하하는 변화가 발생하는 상황이다. 여기서 중요한 것은 중력의 크기가 서로 다르다는 사실이다. 질량이 큰 코끼리에 작용하는 중력이 질량이 작은 개미에게 작용하는 중력보다 훨씬 크다. 반작용으로 생각하면, 질량이 큰 코끼리가 개미보다 더 세게 지구를 잡아당긴다.

코끼리의 중력 : $F = M_{코끼리}g$ (무게가 크다.)

개미의 중력 : $F = m_{개미}g$ (무게가 작다.)

이제 각기 크기가 다른 중력에 의한 힘의 효과인 가속도를 구해보자.

$$코끼리의\ 가속도 : a_{코끼리} = \frac{F_{코끼리\ 중력}}{M_{코끼리}} = \frac{M_{코끼리}g}{M_{코끼리}} = g$$

$$개미의\ 가속도 : a_{개미} = \frac{F_{개미\ 중력}}{m_{개미}} = \frac{m_{개미}g}{m_{개미}} = g$$

$$\therefore\ a_{코끼리} = g = a_{개미}$$

즉 중력에 의해 자유 낙하하는 물체는 질량과 관계없이 모두 1초에 10씩 속도가 빨라진다. 중력이 커져서가 아니다. 코끼리와 개미의 중력은 각각의 특정 값으로 일정하며 따라서 이들의 무게 역시 변하지 않는다. 중력에 의한 효과인 중력가속도 역시 10m/s²로 변함이 없다. 단지 이 효과가 시간의 흐름에 따라 1초에 10m/s씩 누적되는 것이다. 하루에 10만 원씩 3일 동안 벌어 현재 가진 돈이 30만 원이 되는 것과 같은 개념이다. 그렇다면 왜 질량이 다른 코끼와 개미가 똑같이 10만 원씩 벌까? 그 이유를 한마디로 정리하면 코끼리와 개미를 잡아당기는 지구의 중력이 각각 다르기 때문이다. 질량이 커 관성이 큰 코끼리는 세게, 질량이 작아 관성이 작은 개미는 살살 잡아당겨 이들이 변화 비율이 똑같아진 것이다. 이는 누진

세에 비유할 수 있다. 지구가 질량이 큰 코끼리는 큰 중력으로 많은 세금을, 질량이 작은 개미는 작은 중력으로 적은 세금을 부과하는 개념이다. 이러한 이유로 같은 높이에서 동시에 자유 낙하하는 물체는 질량과 무게에 상관없이 동시에 지면에 도착한다.

한눈에 정리하는 지구, 코끼리, 개미의 관계

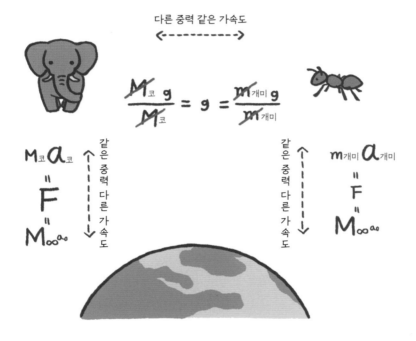

만약 코끼리와 개미에 작용하는 중력이 똑같다면?

가벼운 개미가 무거운 코끼리보다 먼저 떨어진다. 공중에 놓인 질량이 큰($m\uparrow$) 코끼리는 관성이 크기 때문에 힘의 효과($a\downarrow$)가 잘 나타나지 않는다. 반면 개미는 질량이 작기($m\downarrow$) 때문에 관성이 작아 힘에 민감하게 반응한다.($a\uparrow$) 따라서 같은 크기의 중력을 받는다면 코끼리는 공중에서 잘 움직이려 하지 않는 반면에 개미는 즉시 아래로 떨어진다. 벌이와 관계없이 모두에게 동일한 세금을 징수한다면 벌이가 적은 사람이 먼저 타격을 받는 것과 같은 이치다.

실제 낙하 운동에서 질량이 큰(무거운) 물체가 먼저 떨어지는 이유는 무엇일까?

낙하하는 동안 중력 외에 공기저항력과 같은 다른 힘이 추가로 작용하기 때문이다. 쇠구슬은 깃털에 비해 질량이 커 관성이 크기 때문에 작은 힘에는 민감하게 반응하지 않는다. 즉 공기저항력을 거의 무시할 수 있어 오로지 중력만 받는 경우와 큰 차이가 없다.

반면 깃털은 질량이 매우 작아 작은 힘에도 민감하게 반응한다. 즉 공기저항력은 질량이 작은 물체의 입장에서 무시할 만한 힘이 아닌 것이다. 애당초 질량이 작아 중력 자체가 작은 상태에서, 낙하로 인해 발생하는 또 다른 힘인 공기저항력이 중력과 반대 방향으로 작용하기 때문에 합성된 힘은 중력의 효과를 크게 감소시킨다.

따라서 공기 저항이 있는 곳에서의 낙하는 질량이 작은 물체가 질량이 큰 물체보다 천천히 떨어진다. 참고로 질량이 크다고 무조건 공기 저항을 무시할 수 있는 것은 아니다. 공기저항력은 공기와 접촉하는 물체의 면적과 물체의 운동 속도의 제곱에 비례한다.

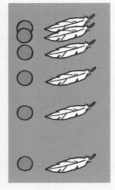

공기 중 낙하   진공 중 낙하

중력 외에 다른 힘이 작용하지 않는다면 쇠구슬과 깃털은 동시에 낙하한다.

2차원 운동을 1차원 운동으로

밀기와 끌기

여러 물체가 같이 운동하는 경우는 크게 밀기와 끌기, 두 부류로 나눌 수 있다.

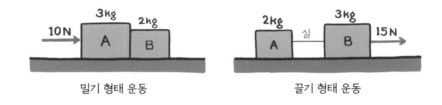

밀기 형태 운동　　　　　　　　끌기 형태 운동

밀기나 끌기 형태의 공통점은 모두 '다른 원인(합력)—같은 결과(가속도)'라는 것이다. 여기서 끌기 형태 문제를 주목하기 바란다. 끌기 형태의 문제는 단순한 1차원 문제로 누구나 쉽게 해결할 수 있는 수평 줄다리기 문제다. 두 물체 이상이 줄로 연결된 역학 문제에서 줄은 모양이 자유롭게 바뀌어도 힘을 그대로 전달할 수 있다. 따라서 도르래, 빗면, 절벽 등을 이용해 줄의 모양을 바꾸는 방식으로 새로운 유형의 문제를 만드는 경우가 많다. 그러나 이러한 문제들은 단순한 끌기 형태인 줄다리기로 환원할 수 있다. 수직 형태로 매달린 물체의 줄을 펴서 나란하게 위치시키면 수평 줄다리기와 똑같아진다. 단지 수직으로 매달린 물체에는 지구의 중력이 작용하고 있으므로 줄다리기 형태로 변환한 뒤에는 물체에 작용하는 중력을 일반적인 힘처럼 적용해야 한다.

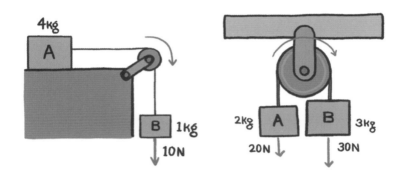

위 그림처럼 수직으로 작용하는 중력이 개입하면 무언가 특별하고 다르지 않을까 하는 생각이 들 수 있지만, 중력 역시 수많은 힘 중 하나일 뿐이며 수직 역시 수평과 물리적으로 다른 점이 없다.

이러한 물리적 분석 방법에 주목하자. 뒤에 소개할 '2차원 포물선 운동'의 분석법은 수평과 수직을 각각 1차원 운동으로 분해해 단순화하는 것이 핵심이다. 그다음 지금까지 알아본 것처럼 각각의 1차원 운동을 분석하고, 다시 합성해서 2차원 운동으로 환원할 것이다. 어렵고 복잡한 문제를 단번에 해결하는 비법 따위는 존재하지 않는다. 가장 쉬운 요소로 문제를 분석한 다음, 분석한 단계를 차근차근 풀어서 문제를 해결하는 것이 가장 세련된 물리적 문제 해결 방법이다.

다양한 줄의 형태를 수평 줄다리기로 변환하기

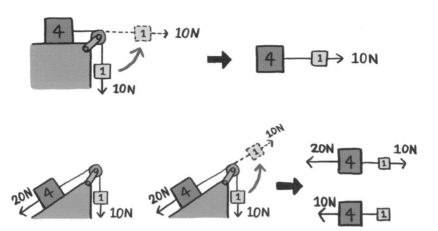

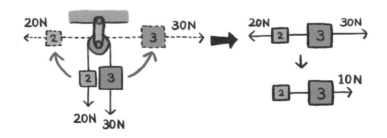

사칙연산을 이용한 물체의 운동 분석

지금까지 알아본 물체의 운동 분석 방법을 사칙연산과 사고의 흐름을
이용해 한번에 정리해보자.

+와 × 활용하기
물리에서 더하기는 누적의 개념이며 곱하기는 덧셈을 쉽게 할 수 있는
수학적 기술이다. 시간의 누적은 $\times t$로 나타낸다.

1. 가속도의 시간적 누적 → 속도 변화량 $\Delta v = a \times t$
2. 속도의 시간적 누적 → 변위 변화량 $\Delta s = v \times t$
3. 속도가 변할 때의 변위 구하기
   → 평균 속도를 구해 시간 누적 → $s = \dfrac{v_0 + v}{2} \times t$

÷ 활용하기
물리에서 시간으로 나누는 것은 세기 혹은 강도의 개념이다.

1. 변위 변화의 강도 → 속도 $v = \dfrac{\Delta s}{\Delta t}$
2. 속도 변화의 강도 → 가속도 $a = \dfrac{\Delta v}{\Delta t}$

− 활용하기
빼기는 '차이'를 의미하며 이를 이용해 기준 값을 빼는 방식으로 변화량
을 구할 수 있다.

1. 처음 돈 500원, 나중 돈 700원 → 번 돈 200원

   Δ 200(번 돈) = 700(나중 돈) − 500(처음 돈 : 기준)

2. 처음 속도 10m/s, 나중 속도 45m/s → 속도 변화량

   $\Delta v = 45 - 10 = 35$m/s

3. 처음 위치 0m, 나중 위치 7m → 위치 변화량 $\Delta s = 7 - 0 = 7$m

   (※ 기준을 0으로 설정하면 위와 같이 따로 변화량을 계산할 필요가 없다.)

보이는 공간에만 집중하면 시간의 존재를 잊는다

물체의 운동을 분석할 때 빠지지 않고 꼬박꼬박 등장하는 물리량이 있다. 바로 시간이다. 물체의 운동은 공간에서 시각적으로 관측이 되지만 시간은 눈에 보이지 않는다. 하지만 가속도, 속도, 변위는 모두 시간과 함께하며 다른 물리량으로 변환된다. 따라서 물체의 운동을 분석할 때 시간은 숨은 요소로서 매우 중요한 존재다.

예를 들어 낙하하는 물체의 경우, 중력가속도가 $g = 10$m/s²이므로 낙하 시간만 알면 해당 시간의 속도와 이동 거리를 바로 구할 수 있다.

Q. 높은 건물에서 10m/s 속도로 아래로 던졌을 때 3초 뒤 물체의 속도와 이동 거리는?

A. 40m/s (10만 원이 있는 상태에서 하루에 10만 원씩 3일 벌었을 때 현재 가진 돈을 묻는 것과 같다.)
75m (처음 속도 10, 나중 속도 40이므로 평균속도는 50÷2=25이고, 평균 속도 25로 3초 동안 운동한 것과 같다.)

새로운 문제 해결 아이디어

상대 속도 ①

다음 응용 문제를 해결해보자.

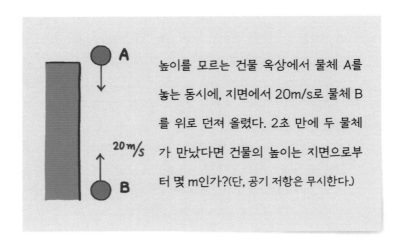

높이를 모르는 건물 옥상에서 물체 A를 놓는 동시에, 지면에서 20m/s로 물체 B를 위로 던져 올렸다. 2초 만에 두 물체가 만났다면 건물의 높이는 지면으로부터 몇 m인가?(단, 공기 저항은 무시한다.)

지금까지 해 왔던 방법으로 문제를 접근해보자.

① A는 1초마다 10씩 빨라지며 아래로 떨어진다.

② B는 처음 20의 속도로 출발해 1초마다 10씩 느려지며 올라간다.

③ 2초 후에 충돌했기 때문에 A의 운동 시간, B의 운동 시간은 모두 2초이다.

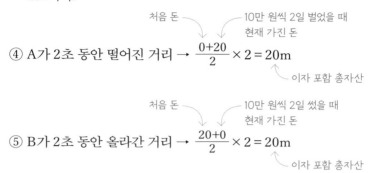

④ A가 2초 동안 떨어진 거리 → $\dfrac{0+20}{2} \times 2 = 20\text{m}$

⑤ B가 2초 동안 올라간 거리 → $\dfrac{20+0}{2} \times 2 = 20\text{m}$

⑥ A의 이동 거리(20m)+B의 이동 거리(20m)=40m ← 건물의 높이

총 6단계를 거쳐 이 문제를 아주 훌륭하게 해결했다. 하지만 이 문제는 한 단계만으로 단 2초 만에 답을 찾을 수 있다. 지금부터 이 방법의 아이디어를 소개하겠다.

움직이는 관측자가 관찰한 또 다른 움직이는 상대방의 속도를 상대 속도라고 한다.

$$v_{AB} = v_B - v_A$$

상대 속도 v_{AB}의 의미는 v_A로 운동하고 있는 A가 v_B로 운동하는 B의 속도를 표현한 것이다. 식으로 나타내어 특별한 것처럼 보이지만 앞서 살펴본 것처럼 뒤에서 빼주는 양은 바로 '기준'이다.

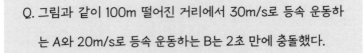

Q. 그림과 같이 100m 떨어진 거리에서 30m/s로 등속 운동하
는 A와 20m/s로 등속 운동하는 B는 2초 만에 충돌했다.

① A가 본 B의 상대 속도를 구하라.
② B가 본 A의 상대 속도를 구하라.

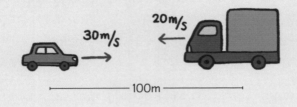

A. ① (−)20m/s − (+)30m/s = (−)50m/s

    → A의 진술: B가 (− 왼쪽)으로 50m/s로 달려옴

② (+)30m/s − (−)20m/s = (+)50m/s

    → B의 진술: A가 (+ 오른쪽)으로 50m/s로 달려옴

2초 만에 답을 찾을 수 있는 아이디어를 소개한다고 해놓고 뜬금없이
상대 속도 이야기는 왜 꺼내는 것일까?

위 자동차 충돌 사건을 해결하기 위해 3명의 진술을 확보해보자.

사고 당사자 A: 나(A)는 정지해 있는데 B가 50m/s로 100m를 달려
와 2초 후에 충돌했어요.

사고 당사자 B: 아닙니다. 내가(B) 정지해 있는데 A가 50m/s로 100m를 달려와 2초 후에 충돌했어요.

외부 관찰자 C: 제가 똑똑히 봤는데, 100m 떨어진 거리에서 A는 오른쪽으로 30m/s로, B는 왼쪽으로 20m/s로 달려와 2초 후에 충돌했어요.

세 명의 엇갈린 진술 중에서 과연 누구의 이야기가 맞을까? 물리적인 관점에서는 셋 모두 맞다. 왜냐하면 결과가 동일하기 때문이다. 즉, 세 명의 진술을 토대로 사건을 재현해보면 모두 똑같은 자동차 사고가 재현된다. 진술이 서로 다른데 어떻게 같은 결과가 나올 수 있다는 말인가? 그것은 바로 물체 운동의 가장 중요한 핵심 요소만큼은 셋의 진술이 정확히 일치하기 때문이다. 바로 충돌 시간과 이동 거리다.

어떻게 충돌 시간이 모두 똑같을까? 첫째, 상대 속도의 크기가 모두 50으로 같다. 둘째, A와 B 사이의 떨어진 거리 역시 100m로 똑같기 때문에 충돌 시간은 2초가 된다.

$$\frac{\text{(A가 보는 B까지) 거리}}{\text{(A가 보는 B의) 상대 속도}} = \text{충돌 시간} = \frac{\text{(B가 보는 A까지) 거리}}{\text{(B가 보는 A의) 상대 속도}}$$

$$\rightarrow \frac{100\text{m}}{50\text{m/s}} = 2\text{초} = \frac{100\text{m}}{50\text{m/s}}$$

이는 외부 관찰자 C가 본 사실에 근거해 도출한 결과(100m 거리에서 2초 만에 충돌)와도 정확히 일치한다. 그렇다면 누구의 이야기로 사건을 해석하는 것이 효율적일까?

A 관점 혹은 B 관점만으로 현상을 해석하면 쉽게 문제를 해결할 수 있다. 한 운동(A는 B의 운동만, B는 A의 운동만)으로 해석하면 되기 때문이다. 반면 C 관점을 택하는 순간 A와 B의 운동 2개를 동시에 분석해야 하고, 그것을 다시 합쳐야만 제대로 된 해석을 할 수 있다. 우리는 습관적으로 외부 관찰자 C의 입장에서 물리 현상을 해석하려고 한다. 하지만 전지적 작가 시점인 C의 관점을 탈피해 운동 당사자의 관점(1인칭 주인공 관점)을 택하면 분석해야 할 양이 줄어들어 단순한 문제가 된다. 결과를 중시하는 물리적 사고는 방법이 어떠하든 동일한 결과를 향해 최대 효율을 추구한다.

앞의 예제를 2초 만에 풀어보자.

A 기준: B가 20으로 올라와 2초 만에 충돌했다.
B 기준: A가 20으로 내려와 2초 만에 충돌했다.

이 둘 중 어느 관점을 선택하든 20의 속도로 2초 동안 운동한 결과이니 $20 \times 2 = 40m$가 된다.

아인슈타인의 특수상대성이론 맛보기

물리적 사건을 다양한 관점으로 바라볼 때 모든 관점에서의 일치점은 시간이다. 즉 '동시'를 전제로 한다. 그런데 이러한 일치점을 시간이 아닌 빛의 속력으로 옮겨 자연을 바라본 이가 바로 아인슈타인이다.

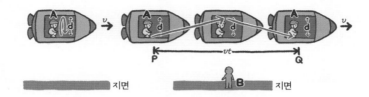

만약 빛의 경로가 길어지면
↓

$$\frac{\text{(A가 측정한 자신의) 빛의 경로}}{\text{(A가 측정한 자신의) 시간}} = 빛의\ 속력 = \frac{\text{(B가 측정한 A의) 빛의 경로 (↑)}}{\text{(B가 측정한 A의) 시간 (↑)}}$$

↑
시간 간격도 같이 길어져야
빛의 속력이 변하지 않는다.

관측하는 관찰자에 따라 빛의 경로가 달라지는 경우, 빛의 속도를 변하지 않게 하려면 시간 역시 달라져야 한다. 특수상대성이론의 '시간 팽창'은 빛의 속도를 고정하기 위해 시간을 짜맞춤한 이론이다. 이는 관측자 간 진술의 일치점을 '시간'이 아닌 '속도'로 옮긴 사고의 전환에서 시작되었다.

시간 팽창($\Delta t \uparrow$)
$$\frac{2d}{\Delta t} = C = \frac{2d \uparrow}{\Delta t \uparrow}$$
(A가 측정한 A 시간)   (B가 측정한 A 시간)
· A가 측정한 A 시간(Δt) (고유 시간) – 기준 · B가 측정한 A 시간($\Delta t \uparrow$) (시간 팽창) – 기준보다 시간 간격 커짐

$$\Downarrow$$

길이 수축($v\Delta t$)
$v \times \Delta t \uparrow = v\Delta t \uparrow$ (B가 측정한 $\overline{PQ}$) $v \times \Delta t = v\Delta t$ (A가 측정한 $\overline{PQ} \downarrow$)
· B가 측정한 $\overline{PQ}$($v\Delta t \uparrow$) (고유 길이) – 기준 · A가 측정한 $\overline{PQ} \downarrow$($v\Delta t$) (길이 수축) – 기준보다 길이 짧아짐

    특수상대성이론의 시간 팽창(시간 지연)과 길이 수축을 한마디로 요약하면 '내로남불'이다. 상대 속도를 구해봐서 알겠지만 실제 누가 운동하는지는 중요하지 않다. 모두 상대가 운동한다고 보기 때문이다. 관측 시 정지해 보이는 대상(자신의 관성계)은 상대론적 효과가 나타나지 않으며 이때 측정한 시간과 길이를 각각 고유 시간, 고유 길이라고 한다. 반면 운동하는 것으로 보이는 대상의 시간과 길이를 측정하면 시간 간격(Δt)은 커지고(시간이 느리게 가고) 길이는 수축한다. 자연계 최고 속도인 빛의 속도가 일정할 수 있도록 시공간이 변하는 것이다. 단, 이 모든 내용은 상대적인 운동이 빛의 속도에 준하는 빠른 속도로 진행될 때만 나타난다.

A가 측정한 자신의 시간(운동×) → 기준(고유 시간)

B가 측정한 자신의 시간(운동×) → 기준(고유 시간)

A가 측정한 우주선의 길이(운동×) → 기준(고유 길이)

B가 측정한 $\overline{PQ}$의 길이(운동×) → 기준(고유 길이)

A가 측정한 B의 시간(운동O) → 시간 팽창(B의 시간이 느리게 감)

B가 측정한 A의 시간(운동O) → 시간 팽창(A의 시간이 느리게 감)

A가 측정한 $\overline{PQ}$의 길이(운동O) → 길이 수축($\overline{PQ}$의 길이가 짧아짐)

B가 측정한 우주선의 길이(운동O) → 길이 수축(우주선의 길이가 짧아짐)

전지적 작가 시점을 탈피하라

상대 속도 ②

앞선 내용을 숙지하다 보면 한 가지 의문이 들 수 있다. 'A와 B 모두 중력을 받고 있는데 단순히 B가 20으로 올라와 가만히 있는 A에 충돌했다고?'

그렇다. 중력의 효과를 고려하는 것 자체가 아직도 외부 관찰자 관점에서 벗어나지 못한 것이다. 왜냐하면 1인칭 주인공 시점으로 상황을 해석하게 되면 같은 가속도로 인해 발생하는 서로의 변화가 둘 사이에는 관측되지 않기 때문이다. 예를 들어 A가 20세, B가 32세라고 하자. 이 둘의 현재 나이 차이는 12살이다. 그렇다면 15년 뒤 두 사람의 나이 차이는 어떻게 될까?

군이 계산할 필요가 있는가? 똑같이 12살이다. 왜냐하면 A는 1년에 한 살을 먹지만 B도 1년에 똑같이 한 살의 나이를 먹기 때문에(같은 가속도에 해당한다.) 군이 15년 뒤의 A의 나이 35세, B의 나이 47세를 계산한 후 다시 이 둘을 빼서 12살이라고 할 필요가 없는 것이다. 만약 A는 1년에 한 살을 먹지만 B는 1.2년에 한 살을 먹는 경우(가속도가 다른 경우에 해당한다.)처럼 둘 사이의 나이 먹는 비율이 다르다면 나이 차이는 시간이 갈수록 당연히 달라진다. 그러나 A와 B는 각각의 중력에 의해 둘 다 똑같은 $g=10m/s^2$의 가속을 받기 때문에 둘 사이의 운동 분석에는 가속도 요인을 고려할 필요가 없다. 중력에 의한 중력가속도의 효과는 외부 관측자 C만 관측하는 것이다.

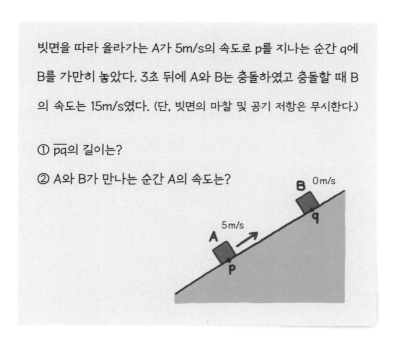

빗면을 따라 올라가는 A가 5m/s의 속도로 p를 지나는 순간 q에 B를 가만히 놓았다. 3초 뒤에 A와 B는 충돌하였고 충돌할 때 B의 속도는 15m/s였다. (단, 빗면의 마찰 및 공기 저항은 무시한다.)

① $\overline{pq}$의 길이는?
② A와 B가 만나는 순간 A의 속도는?

① 외부 관찰자가 아닌 운동하는 주체의 입장으로 물체의 운동을 분석하면 단번에 $\overline{pq}$의 길이를 구할 수 있다. 문제를 단순화하기 위해 A와 B 모두에게 동일하게 적용되는 빗면에 의한 가속도 효과는 현재로선 고려하지 않는다.

- A 관점: 나(A)는 가만히 정지해 있는데 B가 5m/s로 내려와 3초 만에 충돌 → 5m/s×3s=15m

- B 관점: 나(B)는 가만히 정지해 있는데 A가 5m/s로 올라와 3초 만에 충돌 → 5m/s×3s=15m

② A와 B가 만나는 순간 A의 속도는 실제 속도를 묻는 것이므로 이 때는 A에 작용하는 중력의 효과를 고려해야 한다. 즉 C 관점에서 문제를 해결한다.

- A와 B는 동일 빗면에서 운동하므로 같은 가속도가 적용된다. 따라서 3초 뒤 속도를 알고 있는 B를 통해 빗면에 의한 가속도를 구한다. 충돌하는 순간 B의 속도는 15m/s가 되었으므로 B는 3초 동안 0→15의 속도 변화가 발생한다. 따라서 중력의 빗면 성분에 의한 B의 가속도는 5m/s²($\frac{15m/s}{3s}$)이므로 A는 1초당 5m/s씩 속도가 느려지고 B는 1초당 5m/s씩 빨라진다.

- A의 처음 속도 5m/s에서 1초마다 5m/s씩 3번(3초) 느려지므로 5+(−5)+(−5)+(−5)=−10m/s가 된다. A는 아래 방향으로 10m/s 속도로 내려간다. A는 1초 후 최고점에 도착해 방향을 바꿔 아래로 내려가고, 2초 뒤에 내려가는 속도가 10이 되었을 때 B가 15의 속도로 A 뒤를 충돌하는 것이다.

  → (−)10m/s (아래 방향으로 10m/s)

상대 속도의 이해를 돕기 위해 문제의 빗면을 에스컬레이터로 생각해 보자.

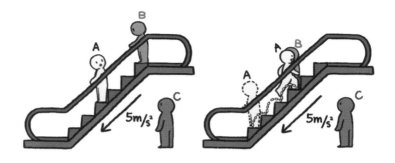

A와 B는 1초에 5m/s씩 빨라지며 내려가는 같은 에스컬레이터에 탑 승하여 정지해 있다. 이때 A는 B보다 3칸 아래에 있다고 하자.

① A와 B가 정지해 있는 경우

1) 외부 관찰자 C 관점: A와 B는 3칸 간격을 유지한 채 1초에 5m/s 씩 빨라지며 내려간다.

2) A 관점: 시간이 지나도 B는 여전히 3칸 위에 그대로 서 있다.

3) B 관점: 시간이 지나도 A는 여전히 3칸 아래에 그대로 서 있다.

A와 B 관점에서 서로를 관찰할 때 실제 에스컬레이터의 가속 운동은 의미가 없다. A와 B 모두 똑같은 가속도 상황에 놓여 있기 때문에 서로의 초기 조건인 3칸은 시간이 지나도 계속 유지되는 것이다.

② A가 1초에 한 칸씩 B를 향해 에스컬레이터를 올라갈 때

1) 외부 관찰자 C 관점: A와 B는 둘 다 1초에 5m/s씩 빨라지며 내려 간다. 이때 A와 B는 1초마다 1칸씩 거리가 줄어든다.

2) A 관점: 1초마다 B가 1칸씩 가까워진다.(B가 내려온다.)

3) B 관점: 1초마다 A가 1칸씩 가까워진다.(A가 올라온다.)

A, B, C 누가 서술하더라도 A와 B가 만나는 시간은 일치해야 한다. 그렇다면 만나는 시간을 알고자 할 때 군이 에스컬레이터의 가속도를 고려 대상에 포함시켜야 하는 외부 관찰자 C의 관점을 채택할 필요가 없다. 운동 당사자인 A와 B 관점을 채택하는 순간 A와 B가 만나는 시간은 1초에 1칸씩, 즉 3초 만에 이루어진다는 것을 알 수 있다.

같은 높이에 위치한 A와 B가 현재 15m 떨어져 있다. A를 가만히 놓는 순간 B를 동시에 v의 속도로 A를 향해 수평으로 던졌다. 3초 만에 지면에서 A와 B가 충돌했다.(단, 공기 저항은 무시한다.)

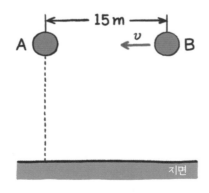

① B를 던진 속도 v는?

② A와 B의 처음 높이는 지면으로부터 몇 m인가?

① 정답: 5m/s(☐×3s=15m)

② 정답: 45m($\frac{0+30\text{m/s}}{2}\times 3\text{s}=45\text{m}$)

A와 B는 모두 '중력장(중력이 미치는 공간)'이라는 에스컬레이터를 같은 높이에서 같은 칸에 함께 타고 있다. A는 제자리에 서서 내려오고, B는 옆으로 이동하면서 포물선 형태를 그리며 내려온다고 설명하는 사람은 외

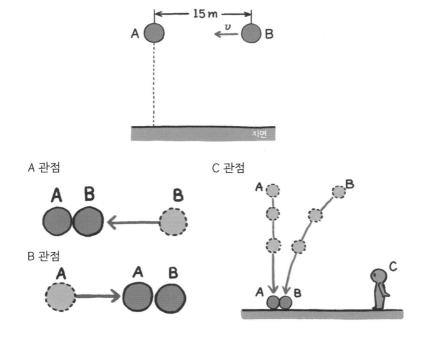

부 관측자 C이다. A 입장에서는 단지 B가 같은 칸에서 자신 쪽으로만 이동한다. B 입장에서도 A가 같은 칸에서 자신 쪽으로 다가온다. A와 B의 관점에서는 어느 누구도 위로 올라가거나 아래로 내려가지 않는다.

① A나 B 관점으로 문제를 바라보면 상대방이 서로 15m의 거리를 3초 동안 운동해 만난다고들 하니 결국 상대방의 속도는 5m/s가 되는 것이며 이것이 A와 B의 상대 속도인 것이다. 둘 다 똑같은 비율로 떨어지기 때문에 아래로 떨어지는 효과는 고려할 필요가 없다.

② C 관점에서 A와 B는 결국 3초 동안 낙하해 지면에 닿았다. 이들이 타고 있는 중력장 에스컬레이터는 1초에 10m/s씩 빨라지므로 (g=10m/s²) 처음 속도 0, 3초 뒤 속도 30 → 평균속도 15m/s의 속도로 총 3초 동안 운동했다. 따라서 45m가 A와 B의 수직 이동 거리가 되고 결국 이것이 처음 출발한 높이가 되는 것이다.

이 문제의 B 덕분에 바로 다음 장에 다룰 2차원 포물선 운동 분석의 핵심 실마리는 풀렸다. 자신은 에스컬레이터의 동일 칸에서 일정한 속도로 수평으로 이동(1초마다 5m 이동)할 뿐인데, 에스컬레이터가 동시에 내려가기(1초마다 10m/s씩 빨라지며) 때문에 포물선 형태의 궤적을 그리게 되는 것이다.

시간이 지나도 초기 조건이 변하지 않는 이유

공식 만들기 원리(42쪽)에서 이야기했듯이 모든 물리 공식은 비례–반비례 관계로 만든다. 따라서 속도의 공식은 속도=$\frac{변위}{시간}$ 형태가 되어야 한다. 그러나 등가속도 운동 공식의 속도와 변위 공식은 각각 $v=v_0+at$, $s=v_0t+\frac{1}{2}at^2$로 비례–반비례의 형태가 아니며 덧셈으로 추가된 항이 각각 존재한다. 이는 물리학에서 좀처럼 보기 어려운 친절함을 공식에 표현한 것으로 시간(t)에 따른 변화(a)를 따로 빼서 시각화한 것이다.

시간에 따른 속도 변화 요인(at)을 따로 빼낸 것
↓
$$v = v_0 + at, \quad s = v_0t + \frac{1}{2}at^2$$
↑
시간에 따른 변위 변화 요인($\frac{1}{2}at^2$)을 따로 빼낸 것

물체 A와 B가 동일한 가속도(a)로 같은 시간(t) 동안 운동할 때의 속도와 변위를 아래와 같이 나타낸 후 상대 속도를 구해보자.

물체 A	물체 B
속도: $v_A = v_1 + at$	속도: $v_B = v_2 + at$
변위: $S_A = v_1t + \frac{1}{2}at^2$	변위: $S_B = v_2t + \frac{1}{2}at^2$

상대 속도를 구하면 시간에 따른 속도 변화 요인 at가 사라지는 것을 확인할 수 있다. ($\therefore v_{AB}=v_2-v_1$)

마찬가지로 변위 차이 역시 시간에 따른 공통 변위 변화 요인인 $\frac{1}{2}at^2$은 사라진다. ($s_B-s_A=v_2t-v_1t=v_{상대속도}\times t$)

동일한 환경 속에서 가속도가 같은 물체의 운동을 해석할 때, 운동 주체로 관점을 옮기면 시간이 아무리 많이 흐른 먼 미래라 할지라도 서로의 초기 조건(처음 조건)은 변하지 않고 계속해서 유지된다. 이것이 상대 속도를 활용한 문제 해결의 아이디어다.

우려먹기가 심한 물리학과 양자 역학

앞으로 물리학을 계속 공부해보면 알게 되겠지만, 물리학은 우려 먹기가 굉장히 심한 학문이다. 기본 원칙은 몇 가지밖에 되지 않는다. 이 몇 안 되는 원칙을 다양한 분야에 적용하면 그대로 그 분야에서 통하는 법칙이 된다. 물리학 원칙이 적고 간단한 이유는 원래 자연이 단순한 원리로 작동하고 있기 때문이다. 따라서 뉴턴 역학의 기본만 제대로 이해하면 나머지 물리학 분야로의 확장은 그리 어렵지 않게 해낼 수 있다. 많은 사람이 물리학을 포기하는 이유는 초반 뉴턴 역학의 고비를 넘지 못하기 때문이다.

현대 물리에서 양자 역학이 태동했을 때, 수많은 물리학자가 기존의 물리학으로는 설명할 수 없는 전혀 새로운 물리학이라며 놀라움을 감추지 않았다. 물론 학자들뿐 아니라 물리를 공부하는 우리도 놀랐다. 지금의 물리도 어려운데 이보다 더 어려울 것 같다는 생각에 겁부터 났기 때문이다. 이러한 이유로 양자 역학은 천재가 아니면 접근할 수 없는 영역처럼 여겨져왔다. 그러나 물리학자들의 말을 조금 바꿔 표현하면, 지금까지 늘 해왔던 우려먹기가 양자 역학에서는 통하지 않았다는 뜻이다. 이를 '새롭다'라는 단어로 표현한 것뿐이며 물리학자들도 새로 공부해야 할 것이 생겼기 때문에 어렵게 느껴졌을 것이다. 따라서 양자 역학을 접할 때는 기존의 원칙과 다른 새로운 것을 공부한다는 자세로 접근하는 것이 가장 좋은 방법이다.

물리학계의 슈퍼스타인 리처드 파인만 박사는 "양자역학을 완전히 이해한 사람은 아무도 없다."라는 유명한 말을 남겼다. 그러나 이 역시 옛이야기일 뿐이다. 양자 역학의 한 부분을, 이미 중고등학교에서 아주 오래전부터 교육해왔다. 화학 시간에 '원자의 공유결합'이라는 개념을 배웠던 것을 기억하는가? 원자의 공유결합은 각각의 원자가 하나의 전자를 동시에 자신의 것으로 인식하는 양자 역학의 양자 중첩 상태다. 또한 양자 기술은 이미 다양한 분야에서 활용되고 있다. 이제는 흔한 부품이 된 반도체의 작동 원리는 양자 역학으로 설명할 수 있다. 양자 얽힘 현상을 이용해 해킹과 복제가 불가능한 양자 통신도 상용화가 진행 중이며, 현존하는 가장 뛰어난 슈퍼 컴퓨터보다 계산 속도가 수억 배 이상 빠를 것으로 추정되는 양자 컴퓨터 역시 이미 IBM에서 개발을 가속화하고 있다. 양자 역학을 이해하지 못하는데 어떻게 양자 역학을 활용한 기술을 사용할 수 있을까? 파인만 박사의 말 속 '완벽'이라는 단어가 함정인 것이다. 고전 역학 역시 완벽하게 이해하는 사람은 아무도 없다. 우리는 단지 탐구와 연구를 계속하면서 알아가는 양을 점차 늘리는 것뿐이다.

양자 역학은 다른 물리 분야와는 달리 실용주의적 태도로 접근하기에 적합한 이론이다. 예를 들어 의사들은 병의 원인을 파악하고 이론적 근원을 알아내기보다는 실질적인 치료 방법에 더 관심을 갖는다. 이론 자체에 모순이 없고 사용하는 데 문제가 없다면, 이론을 완벽하게 이해하지 못해도 상관없는 것이다. 비단 양자 역학뿐 아니라 고전 물리학 또는 다른 학문을 공부할 때도 '완벽한 이해'에 과도하게 집착하지는 말자. 애당초 인간 자체도 완벽하지 못하며 지구와 자연조차 완벽하지 않은 존재일지도 모른다. 하이젠베르크의 불확정성 원리uncertainty principle는 이러한 생각을 뒷받침해준다.

6장

2차원 운동 분석하기

애매하게 던지면 어떻게 할래?

포물선 운동 ①

점을 0차원이라고 했을 때 1차원 공간은 직선, 2차원 공간은 평면, 3차원 공간은 입체가 된다. 우리가 존재하는 공간은 1차원(앞 ↔ 뒤)+1차원(좌 ↔ 우)+1차원(위 ↔ 아래)=3차원이며 이 안에서만 공간적 이동이 가능하다. 공간상에서 대각선으로 비스듬하게 던진 물체는 2차원 운동에 해당하며 포물선 궤적을 그린다. 내 손을 떠난 물체는 더는 나로부터 힘을 받지 않지만, 지구의 중력이 계속해서 물체에 힘을 가해 물체의 운동 상태

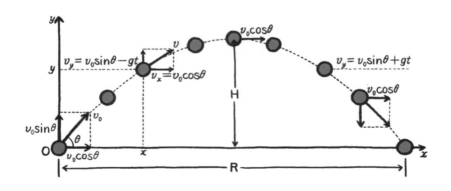

초기 속도 v_0로, 방향은 θ각도로 비스듬하게 던진 물체의 운동

를 변화시키기 때문이다. 포물선 운동은 물리의 핵심 기술인 분해 방법을 이용해 힘의 영향을 받지 않는 수평 운동과 중력의 영향을 받는 수직 운동으로 나눠 분석한다.

수평과 수직으로 나눠 표현하기

포물선 운동을 본격적으로 분석하기 이전에 표현에 익숙해질 필요가 있다. 강조했듯이 물리학 본연의 내용을 접하기도 전에 표현에서부터 질려버리는 일들이 대부분이기 때문이다. 사과를 영어로 Apple이라고 하듯이 처음에는 수학적 의미를 버리고 수평은 영어로 $\cos\theta$, 수직은 영어로 $\sin\theta$라고 생각하는 것도 좋다. 즉 대각선 속도 v_0를 $v_0\cos\theta$로 표현했다면 v_0(**수평**)이 되는 것이다. 마찬가지로 $v_0\sin\theta$는 v_0(**수직**)이 된다.

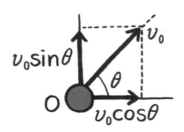

대각선으로 던져진 속도 v_0를 던진 각도 θ로, 각각 x(수평) 성분과 y(수직) 성분으로 나눈다. 직각삼각형의 빗변을 대각선 속도 성분 v_0로 대응하면 밑변은 $v_0\cos\theta$, 높이는 $v_0\sin\theta$로 각각 표현된다.

· 수평 속도 $v_x = v_0\cos\theta$
· 수직 속도 $v_y = v_0\sin\theta$
(삼각함수의 등장에 당황했다면 73쪽으로 잠시 돌아가보자.)

사실 우리는 4차원 세계에 살고 있다. 나머지 1차원은 바로 '시간'이다.

시간 차원은 공간 차원과 달리 한 방향으로만 이동 가능하며 이 방향을 '미래'라 부른다. 따라서 특수상대성이론에 근거한 타임머신을 기술적으로 실현한다고 해도 과거와 미래를 자유롭게 오갈 수 없다. 오직 미래로 이동하는 일만 가능하며 아쉽게도 과거로 회귀하는 일은 불가능하다. 시간이 소중한 이유가 여기에 있다.

·공간 3차원=1차원(앞 ↔ 뒤)+1차원(좌 ↔ 우)+1차원(위 ↔ 아래)
·시간 1차원=(과거 → 미래)

시간 역시 엄연한 1차원이므로 물리에서는 시간 차원과 공간 차원을 묶어 우리가 존재하는 이곳을 시공간spacetime이라 부른다.

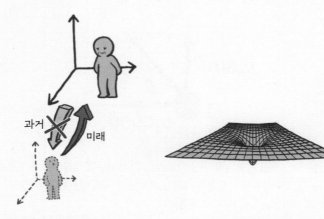

3차원 공간은 보이지 않는 시간의
축을 따라 미래를 향한다.

일반상대성이론에서의
'시공간(spacetime)'

애매하게 던지면 이렇게 할래!

포물선 운동 ②

이제 본격적으로 포물선 운동을 분석해보자.

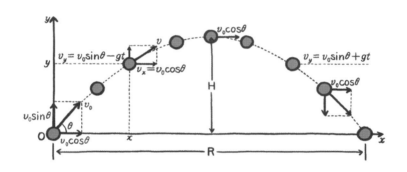

① 처음 속도 : v_0

② 처음 속도의 수평 성분 : $v_x = v_0\cos\theta$, 수직 성분 : $v_y = v_0\sin\theta$

수평(x방향) 운동   수직(y방향) 운동

※ 최고점 도달 시간 : $t = \dfrac{v_0\sin\theta}{g}$

③ 가속도 : $a_x = 0$ ③´ 가속도 : $a_y = -g$

④ 속도 : $v_x = v_0\cos\theta$ ④´ 속도 : $v_y = v_0\sin\theta - gt$

⑤ 변위 : $x = v_0\cos\theta \times t$ ⑤´ 변위 : $y = \dfrac{(v_0\sin\theta) + (v_0\sin\theta - gt)}{2} \times t$

$$= v_0\sin\theta \times t - \frac{1}{2}gt^2$$

⑥ 수평 도달 거리 : $R = \dfrac{2{v_0}^2\cos\theta\sin\theta}{g}$ ⑥´ 최고 높이 : $H = \dfrac{(v_0\sin\theta)^2}{2g}$

포물선 운동 관계식(①~⑥과 ①~⑥′)을 보면 손도 못 댈 만큼 어려워 보일 뿐만 아니라 양도 만만치 않다. 그러나 재미있는 사실은 지금까지 해왔던 내용을 벗어나는 것은 없으며, 당연히 새로운 개념도 전혀 등장하지 않는다는 것이다.

모든 물체의 운동은 시공간 안에서 이루어진다. 공간 안에서의 운동은 눈으로 직접 볼 수 있지만, 시간은 눈에 보이지 않으므로 시간의 중요성을 잊는 경우가 많다. 포물선 운동 역시 시간에 초점을 맞추면 쉽게 해석할 수 있다.

포물선 운동 분석의 핵심 열쇠는 **체공 시간**이다. 체공 시간은 비스듬하게 던진 물체가 내 손을 떠난 직후부터 지면에 닿기 직전까지의 시간으로, 포물선 운동은 정해진 체공 시간 안에서만 의미가 있다. 따라서 체공 시간 단 하나만 구할 수 있으면 놀랍게도 포물선 운동의 모든 관계(①~⑥과 ①~⑥′)를 전부 유도해낼 수 있다.

체공 시간 구하기

체공 시간은 공중에 떠 있는 시간이므로 중력가속도(g=10m/s²) 값을 알고 있는 우리는 최고점 도달 시간을 단번에 구할 수 있다. 수직으로 던진 처음 속도를 중력가속도로 나누기만 하면 되는 것이다. 따라서 최고점에 도달하는 시간은 $t = \dfrac{v_0\sin\theta}{g}$, 다시 최고점에서 지면에 닿기 직전까지의 시간은 대칭적이므로 역시 $t = \dfrac{v_0\sin\theta}{g}$로 동일하다. 즉 전체 체공 시간은 두 시간의 합인 $t = \dfrac{2v_0\sin\theta}{g}$이 되는 것이다.

여러분이 자신 있어 하는 돈 계산 문제로 최고점 도달 시간을 구해보자.

현재 가진 돈 30만 원을 하루에 10만 원씩 쓴다면, 돈을 다 쓰는데 걸리는 시간은 얼마일까?

물론 답은 3일이다. 이 질문과 최고점에 도달하는 데 걸린 시간을 구하는 과정은 완전히 똑같다. 처음 속도($v_{처음}$)로 수직으로 던져 올린 물체가 최고점에 도달하는 시간은 나중 속도($v_{나중}$)=0일 때이므로 처음 속도($v_{처음}$)가 1초에 중력가속도(v)인 10씩 줄어들 때 몇 초째에 0이 되는지를 구하면 된다.

$$v_{나중} = v_{처음} - gt \rightarrow 30 - 10 \times \square$$

따라서 최고점에 도달하는 데 걸리는 시간은 처음 던진 속도를 중력가속도로 나누어 구한다.

$$t = \frac{v_{처음}}{g} \left(\text{돈을 다 쓴 시간} = \frac{\text{처음 가진 돈}}{\text{하루에 쓰는 돈}} \right)$$

이제 수직으로 던져 올린 처음 속도 $v_{처음}$ 대신 대각선으로 던져 올린 속도의 수직 성분 $v_0 \sin\theta$로만 바꿔주면 포물선 운동에서의 최고점 도달 시간이 된다.

$$t_{최고점} = \frac{v_0 \sin\theta}{g}$$

물체가 낙하할 때도 올라갈 때와 같은 시간이 소요되므로 총 체공 시간은 최고점 도달 시간의 2배가 된다.

$$\therefore t_{체공} = \frac{v_0 \sin\theta}{g} \times 2 = \frac{2v_0 \sin\theta}{g}$$

2차원 운동=1차원 운동+1차원 운동

수평 운동+수직 운동

수평 방향 운동

수평으로 운동하는 물체는 힘을 얼마나 받고 있을까? 당연히 사람의 손을 떠난 물체는 사람에게 힘을 받을 수 없다. 힘을 받으려면 사람이 계속 쫓아가면서 물체를 밀거나 당겨야 한다. 사람이 가하는 힘은 중력이나 전기력과 달리 접촉력이기 때문이다. '이 일은 이제 내 손을 떠났습니다.'라는 표현은 일에 자신의 영향력이 더는 미칠 수 없음을 이야기하는 것이다. 즉, 물체는 사람이 가하는 힘으로부터 자유롭다.

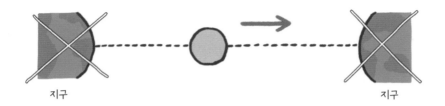

그렇다면 중력은 어떨까? 물체가 운동하는 방향으로 지구가 존재한다면 원거리력인 중력을 받을 것이다. 하지만 수평 방향으로 운동하는 물체의 앞에도, 뒤에도 지구는 없다. 따라서 물체는 수평 운동 방향으로 **중력 또한 받지 않는다.**

결과적으로 수평 방향으로는 어떠한 힘($\Sigma F = 0$)도 작용하지 않기 때문에 아무런 변화가 없다. 따라서 처음 수평 속도를 그대로 유지한 채 체공 시간이 끝날 때까지 운동을 이어간다. 지금까지의 설명을 정리하면 다음과 같다.

③ 가속도: $a_x = 0$(작용하는 힘 없음)

④ 속도: $v_x = v_0 \cos\theta$

⑤ 변위: $v_x = v_0 \cos\theta \times t$

(문자가 많아 어려워 보이지만 '변위=속도×시간' 식이다.)

⑥ 수평 도달 거리(체공 시간 적용)

$$R = v_0 \cos\theta \times \frac{2v_0 \sin\theta}{g} = \frac{2v_0^2 \cos\theta \sin\theta}{g}$$

(수평 변위=수평 속도×체공 시간)

수직 방향 운동

지구는 계속해서 수직 방향으로 물체에 힘(중력)을 가한다. 따라서 올라갈 때는 매초 10씩 속도가 줄고, 초기 수직 속도가 0이 되는 순간 최고점에 도달했다가 매초 10씩 속도가 빨라지며 아래로 떨어진다.

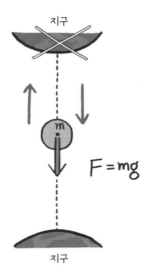

지구

$F = mg$

지구

③′ 가속도: $a_y = -g$ (아래 방향을 '$-$'로 표기)

④′ 속도: $v_y = v_0 \sin\theta - gt$ (시간 t는 임의의 시간)

⑤′ 변위: $y = \dfrac{v_0\sin\theta + (v_0\sin\theta - gt)}{2} \times t = v_0\sin\theta \times t - \dfrac{1}{2}gt^2$

　　$s = v_0 t + \dfrac{1}{2}at^2$ 에서 v_0 대신 $v_0\sin\theta$, a 대신 $-g$를 적용한 상태

⑥′ 최고 높이: $H = \dfrac{v_0\sin\theta + 0}{2} \times \dfrac{v_0\sin\theta}{g} = \dfrac{(v_0\sin\theta)^2}{2g}$

　　변위 = 평균 속도 × 최고점 도달 시간(체공 시간의 절반)

포물선 운동 총정리

초기 조건
① 처음 속도 : v_0

↙ (수평과 수직으로 분해) ↘

② 수평 성분 : $v_{0x}=v_0\cos\theta$	② 수직 성분 : $v_{0y}=v_0\sin\theta$
↙	↘
x 방향(수평) 운동	x 방향(수직) 운동

③ 가속도 : $a_x=0$ (수평 방향으로 $\Sigma F=0$)	(아래 방향을 '−'로 표기) ↓ ③´ 가속도 : $a_y=-g$ ↑ 중력 효과 1초당 10m/s^2
④ 속도 : $v_x=v_0\cos\theta$ (변화 없음)	중력 효과 1초당 10m/s^2 ↓ ④´ 속도 : $v_y=v_0\sin\theta-gt$ ↑ 초기 속도 (변화 없음)
⑤ 변위 : $x=v_0\cos\theta\times t$ ↑ 변위=속도×시간 (시간 t는 임의의 시간으로 아직 체공 시간을 적용하기 전)	초기 속도에 의한 변위 (변위=속도×시간) ↓ ⑤´ 변위 : $y=v_0\sin\theta\times t-\dfrac{1}{2}gt^2$ ↑ 중력에 의한 변위

※ 체공 시간 : $t=\dfrac{v_0\sin\theta}{g}\times2$

⑥ 수평 도달 거리 : $R=\dfrac{2v_0^2\cos\theta\sin\theta}{g}$ ↓ (체공 시간을 적용한 수평 변위 =수평 속도×체공 시간)	⑥´ 최고 높이 : $H=\dfrac{(v_0\sin\theta)^2}{2g}$ ↓ (체공 시간의 절반을 적용한 수직 변위 =평균 속도×최고점 도달 시간)

포물선 운동을 수평과 수직으로 나눠 분석하면 1차원 운동과 아무런 차이가 없다.

$v = v_0 + at$ (속도−시간 공식) $s = v_0 t + \dfrac{1}{2} at^2$ (변위−시간 공식)	포물선 운동은 초기 속도 v_0만 각각 $v_0 \cos\theta$, $v_0 \sin\theta$로, 그리고 일반 가속도 a 대신 중력가속도 g로만 표현을 바꾼 것이다.

수평 운동은 중력을 받지 않으므로 중력에 의한 속도 변화 요인(gt)과 변위 변화 요인($\frac{1}{2}gt^2$)이 모두 존재하지 않는 것을 확인할 수 있다.(④, ⑤) 반면 수직 운동은 중력의 영향으로 중력가속도 변화 요인(gt, $\frac{1}{2}gt^2$)이 모두 표현되어 있음을 확인할 수 있다.(④′, ⑤′) 이는 물체 아래에 있는 지구의 존재감을 '+' 기호를 이용해 따로 표현한 것이다.(중력가속도의 방향을 아래로 할 때는 '−')

던진 각도에 따라 분석하기

포물체 운동 경로 분석 ①

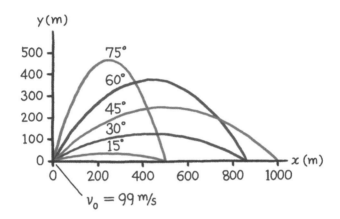

빗면의 길이가 일정할 때, $\cos\theta$ 값과 $\sin\theta$ 값은 각각 직각삼각형의 밑변과 높이에 해당한다. θ 값이 작아지면 밑변인 $\cos\theta$ 값이 커지고 높이에 해당하는 $\sin\theta$ 값은 작아진다. 반대로 θ 값이 커지면 $\cos\theta$ 값은 작아지고 $\sin\theta$ 값은 커진다.

공기 저항이 없는 상황에서 물체를 다양한 각도로 던졌을 때 포물선 궤적을 생각해보자.

$\theta = 15°$: 수평 속도는 크지만 수직 속도가 작아 체공 시간이 짧다. 곧 지면에 닿기 때문에 멀리 날아가지 못한다.

$\theta = 75°$: 수직 속도가 크기 때문에 체공 시간은 길어 높이 올라가지만 수평 속도가 작아 멀리 날아가지 못한다.

그래프에서 각도가 15도일 때와 75도일 때의 수평 이동 거리가 같다는 것을 주목하자. 긴 밑변 $\cos 15°$ 값과 긴 높이 $\sin 75°$ 는 값이 똑같다. 짧은 밑변 $\cos 75°$ 값과 짧은 높이 $\sin 15°$ 값 역시 같다. 15도와 75도 혹은 37도, 53도와 같이 임의의 두 각을 더해 직각인 90도가 될 때 이러한 관계가 항상 성립한다. 이것이 삼각형의 각과 변이 이루는 특별한 관계다.

계산기를 들고 직접 해보기 바란다. 단, 값을 입력할 때는 Radian이 아니라 각도 단위인 Degree로 입력해야 한다.

$$R = \frac{2v_0^2 \overset{\text{긴 밑변}}{\cos 15°}\,\overset{\text{짧은 높이}}{\sin 15°}}{g} = \frac{2v_0^2 \overset{\text{짧은 밑변}}{\cos 75°}\,\overset{\text{긴 높이}}{\sin 75°}}{g}$$

$\theta = 30°$: 수평 속도는 $\theta = 15°$ 때보다는 줄었지만, 수직 속도는 $\theta = 15°$ 때보다 커져 체공 시간이 길어졌기 때문에 $\theta = 15°$ 로 던졌을 때보다 더 멀리 날아간다.

$\theta = 60°$: 수직 속도가 $\theta = 75°$ 때보다는 줄어 체공 시간이 줄었다. 하지만 수평 속력은 $\theta = 75°$ 때보다 더 커졌기 때문에 $\theta = 75°$ 때보

다 더 멀리 날아간다.

→ $\theta=30°$ 와 $\theta=60°$ 로 던졌을 때 수평 이동 거리는 똑같다.

그렇다면 수평으로 가장 멀리 던질 수 있는 초기 각도는 몇 도일까? 더해서 90도가 되는 값들을 좁히다 보면 결국 중간 값인 45도라는 추측을 해볼 수 있다. 너무 낮게 던지면 금방 지면에 닿고, 너무 높게 던지면 위로만 올라갈 것이다. 따라서 이 둘의 타협점인 45도가 가장 적당할 것이다.

산술 평균과 기하 평균

평균은 여러 값을 모두 똑같이 만드는 수학적 기술이다. 평균을 구하는 방법은 크게 두 가지로 각각 덧셈(+)과 곱셈(×)을 이용한다.

$$\frac{a+b}{2} \geq \sqrt{ab} \text{ (단, 등호는 } a = b \text{일 때 성립)}$$

산술 평균 ≥ 기하 평균

산술 평균은 모든 수를 더해서 개수로 나눈 것으로 덧셈을 이용하는 평균값 계산 방법이다. a와 b, 두 개의 값만 있다고 가정하면 이 둘을 더해 ($a+b$) 절반으로 끊어(÷2) a와 b를 똑같게($a=b$) 만드는 것이다. 평균을 구할 때 우리가 가장 익숙하게 사용하는 방법이다.

반면 기하 평균은 곱하기를 이용해 모든 수를 똑같이 만드는 평균값 계산 방법으로 a와 b를 곱($a \times b$)하면 그 값은 직사각형의 넓이가 된다. 이때 넓이 값은 그대로 유지하면서 a와 b를 똑같게 만들 수 있다. 바로 정사각형을 만들면 된다. 이제 두 값이 같아졌으므로($a=b$) 제곱근($\sqrt{}$)을 덮어 한 값을 뽑아내면 이것이 곱셈을 이용한 평균값 계산법이다.

넓이가 16m²로 동일한 세 가지 사각형의 산술 평균과 기하 평균

① 가로 16m, 세로 1m 직사각형: $\frac{16+1}{2} > \sqrt{16 \times 1}$

② 가로 8m, 세로 2m 직사각형: $\frac{8+2}{2} > \sqrt{8 \times 2}$

③ 가로 4m, 세로 4m 정사각형: $\frac{4+4}{2} = \sqrt{4 \times 4}$

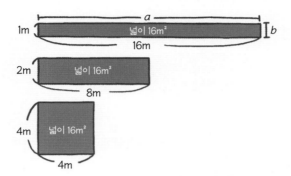

넓이는 16으로 유지하며 가로와 세로를 똑같이 만들자.
a와 b를 똑같이 만드는 것이 평균이다.

재미있는 사실은 일반적으로 산술 평균값이 기하 평균값보다 큰데, 처음부터 a와 b가 같은 경우 산술 평균값과 기하 평균값이 일치한다. 당연한 이치다. 산술 평균과 기하 평균은 모두 a와 b를 같게 만드는 기능을 각기 다른 방법으로 수행하는데, 애당초 두 값이 같으므로 두 방법 모두 무용지물이 되기 때문이다.

$\theta=45°$인 대각선을 축으로 해서 수평과 수직으로 분해하면 가로와 세로의 길이가 같아 대칭된다. 어느 한쪽으로도 치우침이 없는 가장 안정적인 상태가 되는 것이다. 물론, 수평과 수직이 언제나 같아야 할 이유는 없다. 그러나 어떠한 조작도 개입되지 않은 상태로 대칭을 이룰 때 우리는 이를 균형적balanced이라고 한다.

던진 속도에 따라 분석하기

포물체 운동 경로 분석 ②

주변에서 포물선 운동을 가장 명확하게 관찰할 수 있는 곳이 야구장일 것이다. 야구에서 바깥쪽 필드에 위치한 외야수는 발이 빠르고 어깨가 좋은 선수들이 맡는 포지션이다. 타자가 친 공을 잡으려면 타구의 체공 시간이 끝나기 전에 낙하 지점까지 이동해야 하므로 발이 빨라야 하며, 홈으로 쇄도하는 타자를 아웃시키려면 먼 거리에서 강한 어깨로 한 번에 송구할 수 있어야 하기 때문이다.

외야에서 홈까지는 거리가 멀기 때문에 외야수가 던진 공이 홈까지 한 번에 가려면 수평 도달 거리가 길어야 한다. 그런데 수평 도달 거리를 길게 하려고 45도 각도로 공을 던지면 덩달아 공의 체공 시간도 길어지므로 타자를 아웃시킬 수 없다. 따라서 체공 시간을 줄이면서 수평 도달 거리도 늘려야 한다. 어떻게 하면 될까? 던지는 각도에 관계없이 멀리 던지려면 당연하게도 초기 속도 v_0를 크게 하면 된다.

$$R = \frac{2v_0^2 \cos\theta \sin\theta}{g} \rightarrow v_0 \uparrow \rightarrow R \uparrow$$

어깨가 좋은 외야수들은 던지는 각도를 작게 해서 공의 체공 속도를 줄임과 동시에 탁월한 초기 속도로 홈까지 공을 거의 직선으로 뿌린다. 이를 소위 '레이저 송구'라고 한다.

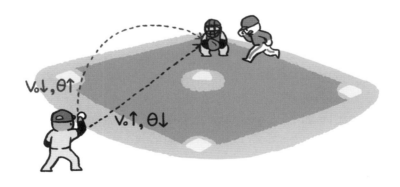

공기 저항이 있을 때의 포물선 궤적

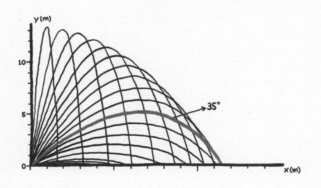

운동 방향에 반대 방향으로 추가적인 공기저항력이 작용하기 때문에
수평과 수직의 대칭성이 깨진다.

그림은 공기 저항을 고려한 물체의 포물선 궤적을 나타낸다. 이때
$\theta=45°$ 보다 $\theta=35°$로 던진 물체가 오히려 가장 멀리 나아간다. 체공 시간
이 짧아져 공기저항력을 받는 시간이 줄어들기 때문이다. 실제로 비스듬하
게 던진 물체의 궤적은 공기 저항 때문에 대칭적인 포물선이 되지 못하고
시간이 갈수록 수평 거리가 줄어든다. 특히 높이 던질수록 공기 저항이 없
을 때보다 수평 거리가 현저하게 떨어지는데, 이는 체공 시간이 길어질수
록 공기와 접촉하는 시간이 길어져 공기저항력을 더 오래 받기 때문이다.

높이 H인 곳에서 던진다면?

수평으로 던진 물체의 운동

　　높은 곳에서 수평으로 속도 v_0로 던진 물체의 운동은 최고점에서 떨어지는 포물선 운동의 일부다. 이는 대각선으로 던진 포물선 운동의 후반부에 해당한다. 따라서 앞서 살펴본 포물선 운동과 동일하게 수평 방향으로는 아무런 힘을 받지 않으며 수직 방향으로는 중력을 계속 받는다. 다음 그림은 높이 H인 곳에서 v_0의 속도로 수평으로 던진 물체의 운동을 나타낸 것이다.(단, 공기 저항은 무시한다.)

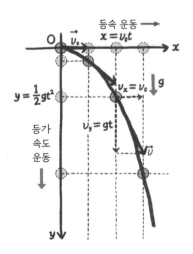

① 처음 속도: v_0	
② 처음 속도의 수평 성분: $v_{0x} = v_0$ 　　 수직 성분: $v_{0y} = 0$ (아래로 혹은 위로 던지지 않았기 때문)	
x방향(수평) 운동	y방향(수직) 운동
③ 가속도: $a_x = 0$	③´ 가속도: $a_y = g$
④ 속도: $v_x = v_0$	④´ 속도: $v_y = gt$
⑤ 변위: $x = v_0 \times t$	⑤´ 변위: $y = \dfrac{0+gt}{2} \times t = \dfrac{1}{2}gt^2$
※ 체공 시간: $t = \sqrt{\dfrac{2H}{g}}$　→　⑥ 수평 도달 거리: $R = v_0 \times \sqrt{\dfrac{2H}{g}}$	

수평 방향으로는 어떠한 힘도 받지 않는다.($\Sigma F = 0$) 따라서 수평 운동을 하는 내내 속도의 변화는 없다.

수평 변위는 언제나처럼 (변위＝속도×시간)이다.

$$x = v_0 t \quad (t: \text{임의의 시간})$$

수직 방향으로는 계속해서 중력을 받는다. 이 변화는 1초당 10씩 아래 방향으로 속도를 **증가**시킨다. 즉 자유 낙하 운동과 동일하다.

$$v_y = 0 + gt$$

수직 변위는 속도가 변하고 있기 때문에 대표 속도(평균 속도)를 뽑아 낙하 거리를 구한다. (변위＝평균 속도×시간)

$$\frac{0+(0+gt)}{2} \times t = \frac{1}{2}gt^2$$

이제 가장 중요한 **체공 시간**을 구해보자. 체공 시간은 오직 수직 운동에만 관련 있다. 즉 중력에 의해 물체가 지면에 닿기까지의 시간이 곧 체공 시간이 되므로 중력에 의한 수직 낙하 거리가 던진 높이 H일 때의 시간을 구하면 된다.

$$H = \frac{1}{2}gt^2 \rightarrow t_{체공} = \sqrt{\frac{2H}{g}}$$

수평 도달 거리 역시 (변위＝속도×시간)으로 구한다. 변함없는 수평 속도 v_0로 체공 시간 $t_{체공} = \sqrt{\frac{2H}{g}}$ 동안 운동하므로 수평 도달 거리 R은 다음과 같다.

$$R = v_0 \times \sqrt{\frac{2H}{g}}$$

자유 낙하와 수평으로 던진 물체 중 누가 더 빨리 떨어질까?

자유 낙하는 수평 방향 운동은 없으며 오로지 중력에 의한 수직 운동만 존재한다. 반면 수평으로 던진 물체의 운동은 수평 방향으로 일정한 속도로 이동하면서 중력에 의한 낙하 운동이 동시에 발생한다. 각각 물체의 질량이 어떠하든, 혹은 수평으로 어떤 속도로 던지든 중력에 의한 속도 변화는 1초에 10씩 빨라지므로 같은 높이에서 출발했다면 자유 낙하하는 물체와 수평으로 던진 물체는 동시에 지면에 도착한다. 이는 내려오는 에스컬레이터의 같은 칸에 타고 있는 A(제자리에 정지)와 B(옆으로 이동)의 운동과 동일하다.

수평으로 던진 물체가 같은 높이에서의 자유 낙하보다 늦게 떨어질 것이라 착각하는 이유는 수평 운동이 공간적으로 더 넓은 면적을 점유하는 운동이기 때문이다. 즉 시각적인 운동의 양이 많기 때문에 시간적으로도 공중에 더 오래 머물 것이라는 오해를 하는 것이다.

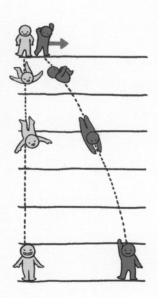

영원히 떨어지는 인공위성

인공위성은 자체 동력 없이도 지구 주위를 계속해서 운동할 수 있다. 이것이 가능한 이유는 인공위성의 궤도 운동이 수평으로 던진 포물선 운동의 무한대 버전이기 때문이다. 공중에 놓인 세상의 어떤 물체도 지구 중력에 의해 1초에 약 5m를 낙하한다.($\frac{0m/s + 10m/s}{2} \times 1s$) 수평으로 던진 물체도 마찬가지다. 수평 속도를 크게 해도 수직으로 1초에 5m를 낙하하는 것은 동일하다. 즉 5m 높이에서 수평으로 던진 물체는 1초 만에 지면에 닿는다. 그런데 수평 속도를 초속 8km라는 어마어마한 속도로 던지면 어떻게 될까? 여전히 1초에 5m를 떨어지는 건 변함없지만 지면에는 닿지 않는다. 그 이유는 지면이 없기 때문이다.

지구는 구 형태로 곡률을 이룬다. 수평으로 약 8km를 가면 동그란 지구 형태 때문에 처음 출발 위치의 높이보다 수직 방향으로 5m가 내려간다. 즉 지면이 5m 꺼지는 효과가 발생하는 것이다. 1초에 수평으로 8km 날아가면, 물체는 수직 방향으로 5m 떨어졌지만 동시에 지면도 5m 떨어져 물체와 지면 사이 거리는 다시 5m 간격이 유지된다. 처음의 초기 상태와 계속 동일해지는 것이다. 따라서 낙하 운동을 영원히 지속할 수 있다. 마치 육상 선수가 결승 지점이 5m 남은 순간, 결승선을 잡고 있는 사람이 육상 선수와 똑같은 속도로 도망가 계속 달려도 5m 앞에 놓인 결승선과의 격차를 줄이지 못하고 영원히 결승선을 향해 계속 달리는 것과 같다.

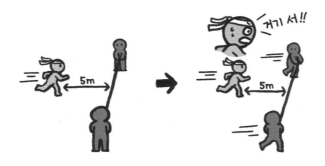

결과적으로 인공위성의 궤도 운동은 체공 시간이 무한대인 낙하 운동과 같다. 단, 이러한 낙하 운동이 계속되려면 수평 속도 8km/s가 계속 유지되어야 한다. 따라서 인공위성의 궤도는 대기권 밖으로 설정한다. 대기가 있으면 공기 저항이 발생해 수평 속도가 감소하므로 결국엔 지구 지면에 닿게 되어 추락하기 때문이다.(실제 지면으로부터 5m 높이에서 인공위성이 날아다닌다면 너무 고도가 낮아 끔찍한 일들이 발생할 것이다.)

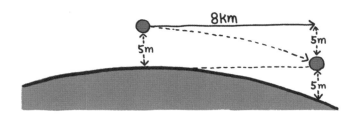

인공위성의 원리

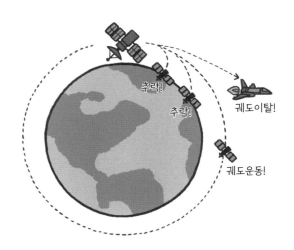

수평 속도 8km/s 미만인 인공위성은 추락한다. 반대로 지구 궤도를
벗어나려는 우주 왕복선은 수평 속도 8km/s 이상으로 발사하면 된다.
(우주 왕복선은 실제 수평으로 발사하지 않는다.)

7장

시간의 물리학

시간의 물리학

운동량과 충격량 ①

운동량momentum

운동하는 물체의 운동 정도를 양으로 표현한 것을 운동량(p)이라고 한다. 우리는 이미 물체의 운동을 표현하기에 적합한 물리량을 알아본 적이 있는데, 바로 속도(v)이다. 속도가 클수록 운동을 많이 한다고 볼 수 있다. 여기서 속도와 함께 운동하는 주체를 함께 표현하자. 지금까지 사용해 왔던 질량(m)이다.

운동량

$$p = mv$$

누가(m), 얼마큼(v) 운동하는가?

운동량(p)은 물체(m)가 얼마나 많이(v) 운동하는가를 나타내는 양이며 방향도 포함한다.(질량은 방향이 없는 순수한 양이지만 속도는 양뿐만 아니라 방향도 포함되어 있다.)

총알이 질량은 작지만 무서운 이유는 속도가 빨라 운동량이 그만큼 크기 때문이다. 반면 속도가 작아 천천히 달린다고 해도 덩치가 큰 트럭은 충분히 위협적이다. 두 경우 모두 운동량이 크기 때문에 위험 요소가 되는 것이다. 덩치가 크고 빠르기까지 하다면 더 말할 것도 없다. 그렇다면 우리는 왜 운동량이 큰 물체를 위협적으로 느낄까? 힘을 가해 이들을 정지시키기 어렵기 때문이다. 반면 천천히 날아오는 탁구공은 운동량이 작아 전혀 위협적이지 않다. 이 탁구공은 누구라도 쉽게 정지시킬 수 있기 때문에 맞아도 괜찮다고 생각한다. 또는 아무리 덩치가 큰 트럭이라도 정지해 있으면 역시 위협적이지 않다. 이미 운동량이 0이므로 정지시키는 데 아무런 힘이 필요 없기 때문이다.

충격량impulse

브레이크가 고장 난 기차를 멈추는 슈퍼히어로는 기차가 정지할 때까지 기차에 계속 힘을 가해야 한다. 힘의 양이 지속적으로 누적되어야 기차의 큰 운동량을 0으로 만들 수 있는 것이다. 이렇게 힘(F)이 어느 시간(Δt) 동안 지속적으로 작용한 것을 양으로 나타낸 것, 즉 힘의 시간적 누적량을 충격량(I)이라고 한다.

충격량

$$I = F\Delta t$$

힘(F)의 시간적 누적량($\times \Delta t$)

충격량 역시 방향을 포함하고 있으며 힘의 방향이 바로 충격량의 방향이 된다. 충격량의 크기만큼 물체의 운동량이 변한다. 브레이크가 고장

난 채로 달리던 기차는 슈퍼히어로로부터 충격량을 받은 만큼 운동량이 줄어들기도 하지만, 반대로 정지해 있는 기차는 슈퍼히어로로부터 받은 충격량만큼 운동량이 커지므로 움직이는 것이다. 여기서 충격량과 운동량과의 관계를 알 수 있다.

충격량과 운동량의 관계

$$(충격량=운동량의 \ 변화량)$$
$$F\Delta t = mv - mv_0 \ (\because \ mv_0 + F\Delta t = mv)$$

너무나 당연한 이치이지만, 이 관계가 곧바로 이해되지 않을 수 있다. 용어를 살짝 바꿔보자. 운동량은 말 그대로 운동의 양을 나타내나 여기서 '양'을 뺀다. 즉 운동량을 **'운동'**(량)으로 바꾸고 마찬가지로 충격량 역시 **'충격'**(량)으로 바꾼다. 그럼 이제 이해가 훨씬 수월해진다.

충격(량)을 받은 만큼 **운동(량)**이 변한다.

충격받은 만큼 운동이 변한다는 것은 너무나 당연한 말이 아닐까? 이것이 바로 '충격량=운동량의 변화량'의 의미다.

뉴턴 제2법칙인 가속도 법칙($F=ma$)의 의미는 물체(m)에 힘(F)을 가하면 힘의 효과(a)가 발생한다는 것이다. 여기에 힘을 가한 시간(Δt)을 누적하면 물체에 가한 힘(충격)의 전체 양인 충격(량)이 되어 물체는 충격(량)을 받은 만큼 물체의 운동(량)이 변한다는 사실을 보여준다.

$$F = ma$$

양변에 $\times \Delta t$를 적용하면

$$F\Delta t = ma\Delta t$$

↑가속도의 시간적 누적은 곧 속도 변화이므로

$$F\Delta t = m\Delta v = mv - mv_0 \text{(충격량−운동량 정의)}$$

충격(량)과 운동(량)의 관계 (v_0: 처음 속도, v: 나중 속도)

① 정지해 있는 물체에 10의 충격(량)을 가하면 물체는 10으로 운동(량)한다.

$$\downarrow \text{받은 충격량}$$
$$\rightarrow 0 + 10 = 10 \ (mv_0 + F\Delta t = mv)$$
$$\uparrow \qquad \uparrow$$
$$\text{처음 운동량} \quad \text{나중 운동량}$$

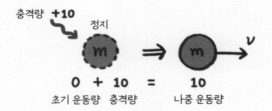

② 10으로 운동하고 있는 물체에 같은 방향으로 20의 충격(량)을 가하면 물체는 30으로 운동(량)한다.

$$\rightarrow 10 + 20 = 30 \ (mv_0 + F\Delta t = mv)$$

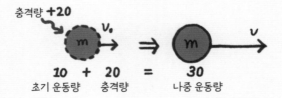

236

③ 50으로 운동(량)하고 있는 물체에 반대 방향으로 50의 충격(량)을 가하면 물체는 정지한다.

$$\rightarrow 50 + (-50) = 0 \ (mv_0 + (-F\Delta t) = mv)$$

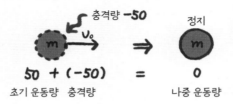

④ 30으로 운동(량)하고 있는 물체에 충격(량)을 가하지 않으면 물체는 아무런 변화 없이 처음 상태를 유지한다.

$$\rightarrow 30 + 0 = 30 \ (mv_0 + F\Delta t = mv)$$

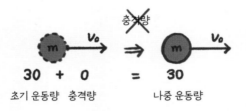

결국, 운동(량)하는 물체에 충격(량)을 가한 만큼 나중 운동(량)이 변한다.($mv_0+F\Delta t=mv$) 이를 충격량 기준으로 나타낸 것이 '충격량=운동량의 변화량'($F\Delta t=mv-mv_0$)인 것이다.

사실, 뉴턴은 운동량을 시간으로 나눠(미분) 힘의 법칙을 정립했다.

$$F\Delta t=mv-mv_0 \rightarrow F=m\frac{v-v_0}{\Delta t}=ma$$

$\downarrow$

시간당 속도 변화 → 가속도

주고받는 충격량이 항상 똑같은 이유

운동량과 충격량 ②

A가 B에게 $F\Delta t$라는 충격량을 주어 B의 운동량이 $F\Delta t$만큼 변하게 되었을 때, A 역시 B로부터 똑같은 크기의 충격량을 반대 방향으로 받는다. 즉 두 물체 사이에서 주고받는 충격량은 항상 같다. 아래 그림을 보자.

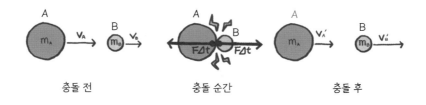

충돌 전   충돌 순간   충돌 후

작용-반작용 법칙에 의해 A가 B에게 F의 힘을 가하면 B 역시 A에게 $(-F)$의 힘을 가한다. 이때 A가 B에게 힘을 가한 시간(Δt)이나 B가 A에 힘을 가한 시간(Δt)은 똑같다. 즉 서로의 접촉 시간은 일치해야 한다. A는 B에게 힘을 가하고 난 후 떨어졌는데, B가 A와 계속 접촉해 있다는 것은 모순이다. 따라서 주고받은 힘의 크기와 작용 시간이 모두 같기 때문에 주고받은 충격량이 서로 같은 것이다.

전쟁 영화를 보면 으레 총알이 깨끗하게 관통하는 것이 그렇지 않은 경우보다 더 살 확률이 높다고 한다. 왜 그럴까? 총알이 100으로 운동하다 우리 몸을 관통한 후 80으로 운동을 계속해나갔다. 그렇다면 총알의 운동량 20은 어디로 간 것일까? 바로 우리 몸이 총알에 충격량을 주어 총알의 운동량을 줄인 것이다.

$$100 + ☆ = 80$$

(☆=−20 → 몸이 총알에게 가한 충격량=총알이 몸에 가한 충격량)

그럼 총알이 몸에 박히는 경우는 어떨까? 100으로 운동하는 총알이 몸에 박히면 운동을 멈춘다.

$$100 + ★ = 0$$

(★=−100 → 몸이 총알에 가한 충격량=총알이 몸에 가한 충격량)

관통당하는 상황에서 우리 몸이 총알에 가한 충격량은 ☆=−20이다. 이 말은 우리 몸이 총알로부터 20의 충격량을 받았다는 것이다. 서로 주고받는 충격량은 같기 때문이다. 반면 총알이 몸에 박혀 총알을 정지시키는 경우, 몸이 총알에 가한 충격량은 ★=−100이며 우리 몸이 총알로부터 100의 충격량을 받았음을 의미한다. 운동량을 많이 변화시켰다는 것은 큰 충격량을 가했다는 뜻임과 동시에 같은 크기의 충격량을 **받기도 했다는 뜻이다.**

물론 이는 단순히 물리적인 해석이므로 실제 의학적인 상황과는 다르다. 관통이 되어도 어떤 장기나 신경 조직이 손상되었는가에 따라 다르고, 총알이 깨끗하게 관통하든 박히든 위험한 것은 마찬가지다. 즉 당연하게도 가장 이상적인 상황은 총알이 날아오면 총알에 맞지 않도록 몸을 피하는 것이다.

$$100 + \heartsuit = 100$$

100으로 운동(량)하는 총알이 계속 100으로 운동(량)하게 두려면, 내가 총알에 아무런 충격(량)을 가하지 않아야 한다.($\heartsuit$=0인 경우) 그렇다면 나 역시 총알로부터 충격(량)을 받을 일이 없다.

반면 영화나 소설에서 총알을 튕겨내는 슈퍼히어로는 자신의 강력함을 운동량, 충격량의 관계로 보여준다. 100으로 운동하는 총알을 반대 방향으로 똑같은 크기의 운동량으로 튕기는 경우

$$100 + \clubsuit = -100$$

총알 운동량의 무려 2배에 달하는 충격량을 총알에 선사한 것이다.($\clubsuit$=-200) 일차적으로 총알의 운동량 100에 같은 크기의 충격량(-100)을 가해 모두 없애 순간 0으로 만든 뒤, 바로 같은 크기의 충격량(-100)을 더 가해 총알을 튕겨내는 것이다.

앞서 운동량이 큰 물체를 위협적으로 느끼는 이유를 힘을 가해 정지시키기 어렵기 때문이라고 했다. 이 말의 물리적 의미는 운동량이 큰 물체의 운동량을 0으로 만들려면 큰 충격량을 가해야 하는데, 이는 곧 같은 크기의 충격량을 내가 받는다는 것을 의미한다. 굳이 운동량−충격량 정의를 공부하지 않더라도 큰 충격량을 받는 일이 위험하다는 사실은 본능적으로 알 수 있다.

충격량을 가하는 두 가지 패턴

앞서 알아본 것처럼 운동량의 변화를 주려면 그만큼의 충격량을 가해야한다. 충격량을 가할 때는 크게 두 가지 유형이 존재한다.

예를 들어 집 밖으로 나가지 않는 학생 A를 운동하게 만드는 것이 목표라고 하자. A의 운동량을 100으로 만들기 위해 충격량 100을 주고자 한다. 이때 충격량을 줄 두 사람이 각각 ① 해병대 캠프 교관 ② 엄마라고 가정한다.

① 해병대 캠프 교관: 100의 충격량을 가하기 위해 강력한 수단(얼차려 등의 체벌)을 동원한다고 가정해보자. 짧은 시간 동안 큰 신체적인 압박을 가해 학생의 행동 변화를 이끌어낸다. 즉 큰 힘을 짧은 시간 동안 가해 100의 충격량을 만드는 것이다.

교관의 얼차려
↓

$$0 + F\Delta t = 100$$

↑ ↑
운동 안함　　　결국 운동함

② 엄마: 얼차려보다 큰 압박은 아니지만, A가 운동을 하지 않고는 못 배길 정도로 지속적인 잔소리를 한다고 가정해보자. 즉 작은 힘이지만 긴 시간 동안 누적되어 교관과 동일한 100의 충격량을 만들어낸다.

엄마의 잔소리
↓

$$0 + F\Delta t = 100$$

↑   ↑
운동 안함   결국 운동함

물리적인 예시는 아니었지만, 가해진 충격량이 같아도 충격량의 구성 요인인 충격력과 시간은 다를 수 있다는 것을 이해하기에는 충분할 것이다. 이는 앞서 수직 낙하와 빗면 낙하의 공통점과 차이점(169쪽)을 비교해 분석한 내용과 같은 맥락으로 '다른 원인-같은 결과'의 충격량 버전이다.

다른 원인(충격력과 시간) - 같은 결과(충격량)

참고로 충격량impulse과 충격력impulsive force은 다르다. 충격력은 충격을 가할 때의 힘을 말하며, 충격력이 시간과 결합하면 충격량이 된다. 즉 충격력은 충격량의 구성 요인이다.

시간 늘리기의 두 가지 이면

작은 충격력과 큰 충격력

작은 충격력

같은 높이에서 떨어뜨린 유리컵이 푹신한 방석에서 깨지지 않는 이유는 무엇일까?

같은 높이에서 동일한 유리컵(1kg)이 낙하해 2초 만에 각각 시멘트 바닥과 방석에 충돌했다. 시멘트 바닥에 충돌한 유리컵은 깨졌으나 방석에 충돌한 유리컵은 깨지지 않았다. 이 현상을 물리적으로 해석해보자.

① 공중에 정지해 있던 두 유리컵에 중력(=충격력) 10N(mg=1kg×

10m/s²)이 2초 동안 충격량을 가한다. 따라서 컵은 충격량을 받은

만큼 운동량이 변한다. 여기까지가 전반에 해당한다.

$$0 + 10 \times 2 = 20$$

※ 2초 뒤 속도는 20m/s 이므로 이때 유리컵의 운동량을
1kg×20m/s=20kg·m/s로 구할 수도 있다.(m×v)

② 20의 운동량을 가지고 있던 두 유리컵은 각각 시멘트 바닥과 방석

으로부터 충격량을 받아 정지한다. 이 단계는 후반이다.

$$20 + (-20) = 0$$

즉. 시멘트 바닥과 방석으로부터 각각의 유리컵이 받은 충격량은 모

두 −20으로 그 크기가 같다. 그런데 왜 하나는 깨지고 다른 하나는 깨지

지 않았을까? 우리 모두 답을 알고 있다. 방석이 시멘트 바닥보다 푹신하

기 때문이다.

$$F_{\Delta t} = 20 = F\Delta t$$

(시멘트 바닥)　　(방석)

방석은 자신의 모양을 변화시키면서 유리컵과의 접촉 시간을 길게 만든다. 따라서 이미 결정된 충격량 20의 구성 요소 중 힘 받는 시간이 커져 힘(충격력) 자체는 작아지는 것이다. 한편 딱딱한 시멘트 바닥은 접촉 시간이 매우 짧기 때문에 큰 힘이 작용해 같은 20의 충격량을 만든다. 방석은 엄마, 시멘트 바닥은 해병대 교관에 해당하는 셈이다.

시간을 늘려 충격량을 줄여주는 안전 장치

안전 장치 대부분은 앞에서 알아본 접촉 시간과 충격력의 관계를 이용한다. 예를 들면 자동차 사고가 났을 때 이미 충격량의 크기는 결정된다. 사고가 일어나는 과정에서 운동량의 변화량이 결정되기 때문이다. 이때 변화량은 차를 정지시켜 운동량을 0으로 만드는 값이다. 따라서 결정된 충격량 안에서 받는 힘을 최소화하기 위해 힘을 받는 시간을 늘리는 장치가 설치되어 있는데, 대표적인 것이 에어백이다.

자동차의 범퍼 역시 자신이 찌그러지면서 충돌 시간을 늘리기 위해 고안된 장치다. 간혹 자동차 사고를 보면 자동차가 종잇장처럼 구겨졌다고 안전에 의문을 제기하는 경우가 있는데, 차라리 어느 정도 구겨지는 것이 운전자에게는 안전하다. 찌그러지는 과정 동안 접촉 시간을 늘릴 수 있기 때문이다.(물론 운전석 안까지 구겨진다면 더 위험하겠지만) 차가 겉으로 멀쩡하다고 안에 있는 사람도 멀쩡한 것은 결코 아니다. 지면에 착지할 때 무릎을 굽혀 힘 받는 시간을 늘려주거나, 낙법으로 한 바퀴 굴러 일어나는 것 역시 지면과 몸의 접촉 시간을 늘려 받는 힘의 크기를 줄이는 방법이다.

이를 반대로 생각하면 파괴를 원활하게 할 수도 있다. 벽돌을 깨는 망치는 접촉면이 딱딱한 금속으로 되어 있어 힘 받는 시간이 짧아 큰 충격력을 벽돌에 전달할 수 있다. 격파를 할 때도 주먹을 짧게 끊어쳐 힘 받는 시간을 줄이면 물체에 더 큰 힘이 작용할 수 있다. 만약 같은 충격량을 전달하는 데 작은 힘을 길게 받게 한다면 이는 '격파'가 아니라 '밀기'라고 부르는 것이 더 적합할 것이다.

충력량과 힘의 관계

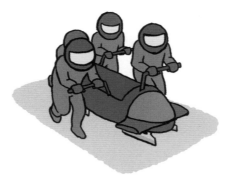

봅슬레이 선수들은 기록을 단축하기 위해 출발선 바로 직전까지 봅슬레이를 밀고 탑승한다. 힘 받는 시간을 길게 해서 충격량 자체를 키워 봅슬레이의 운동량을 최대한 끌어올리려는 것이다.

$$0 + F\Delta t = mv$$

스포츠 구기 종목에는 팔로스루follow through라는 용어가 있다. 예를 들어 투수가 투구 뒤 투구 자세를 끝내지 않고 계속 이어가는 것을 말하는데, 이것은 공에 힘을 가하는 시간을 늘려 공에 전달되는 충격량을 최대로 하려는 것이다. 테니스나 탁구, 골프에서도 마찬가지로 공을 친 뒤 후속 동작을 계속 진행한다.

권총보다 장총이 파괴력이 높은 이유도 긴 총구 안에서 긴 시간 동안 힘을 받은 총알이 더 큰 충격량을 받아 짧은 총구에서보다 훨씬 큰 운동량을 갖게 되기 때문이다.

이처럼 결정된 충격량 내에서 충격력을 줄이는 방법과 큰 충격량을 만드는 방법의 원리는 모두 힘 받는 '시간을 늘린다.'라는 공통점이 있지만 엄연히 다른 물리 현상이므로 이 둘을 정확하게 구분해야 한다.

시간 늘리기 구분

이미 결정된 충격량 내에서 충격력을 받는 시간을 늘리는 것과 일정한 충격력을 오랫동안 누적시키는 것은 '시간을 늘린다($\Delta t \uparrow$)'라는 공통점이 있지만, 완전히 다른 물리 현상을 의미하므로 이 둘을 정확히 구분해야 한다. 구분의 핵심은 역시 '같은 원인–다른 결과'와 '다른 원인–같은 결과'이다.

① 충격력 줄이기($I=F\Delta t$)	② 충격량 늘리기($I=F\Delta t$)
[같은 원인–다른 결과] [3 × 2 = 6 = 2 × 3]	[다른 원인–같은 결과] [6 = 3 × 2]

① 시멘트 바닥과 방석 모두 운동하는 컵에 충격량을 가해 컵을 정지시킨다. 즉 운동량을 0으로 만든다. 따라서 물체에 가해지는 충격량(6)은 결정된다. 이때 푹신한 물체 등을 이용해 힘을 받는 시간을 늘리면(2→3) 충격력을 줄일 수 있다.(3→2)

② 일정한 충격력(3)이 오랜 시간 동안(2↑) 누적될수록 충격량(6↑)은 시간에 비례해 증가한다. 큰 운동의 변화를 위해 힘을 최대한 오랫동안 가하는 것이다.

운동량이 사라지지 않아

운동량 보존 법칙

　　물체들 사이에 충돌로 인해 서로 힘이 작용해서 속도가 변하더라도 힘의 작용 전후 운동량의 총합은 일정하게 보존된다. 운동량이 보존되지 않는 경우는 또 다른 추가적인 힘이 외부에서 가해질 때만 가능하다.

　　예를 들어 A와 B 사이에 돈거래가 있다고 하자. A는 500원을 가지고 있고 B는 무일푼이다. 이때 A가 B에게 200원을 주면 B는 200원을 갖게 되는 동시에 A는 300원이 남게 된다. 이때 B가 A에게 100원을 주면 A는 400원, B는 100원을 갖게 된다. A와 B가 가지고 있던 돈의 총합 500원은 그 어떠한 거래를 하더라도 500원으로 항상 보존된다. 이 보존이 깨지는 경우는 새로운 인물인 C가 A와 B에게 돈을 더 보태거나 강탈해가는 등 외부 요소가 개입될 때뿐이다. 이것이 가능한 이유는 A와 B 둘 사이에 주고 받는 금액(충격량)이 똑같기 때문이다.

　　주고 받는 충격량이 똑같음을 이용해 충돌 전 운동량의 총합과 충돌 후 운동량의 총합이 같다는 운동량 보존 법칙을 유도해보자. 이는 앞서 상대 속도에서 가속도가 같을 때 발생하는 속도 변화(at)와 변위 변화($\frac{1}{2}at^2$)

가 똑같아 상쇄되는 것과 원리가 같다.(197쪽 참고)

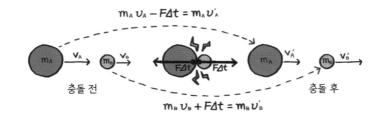

$$mA\colon m_A v_A - F\Delta t = m_A v'_A \quad (F\Delta t\text{로 정리}) \quad B\colon m_B v_B + F\Delta t = m_B v'_B$$

$$m_A v_A - m_A v'_A = F\Delta t = m_B v'_B - m_B v_B$$

$$\therefore \ m_A v_A + m_B v_B = m_A v'_A + m_B v'_B$$

충돌 전 A와 B의 운동량 총합 ⤴　　　⤴ 충돌 후 A와 B의 운동량 총합

외부로부터 추가적인 힘의 개입이 없는, 오로지 A와 B 둘 사이의 힘을 주고받는 경우 운동량의 총합은 보존된다. 앞서 상대 속도의 아이디어를 이용해 변화 요인(가속도)이 같은 경우 A와 B 둘 사이에서 초기 조건은 시간이 흘러도 유지된다는 것을 알 수 있었다. 운동량 보존 법칙의 아이디어 역시 이와 비슷하다. 운동량의 변화 요인인 충격량이 똑같기 때문에 초기 조건은 유지되어야 한다. 이는 처음 운동량의 총합과 나중 운동량의 총합이 똑같다는 사실과 대응된다. 운동량 보존 법칙에서 주의할 점은 운동량은 속도뿐만 아니라 질량도 포함한다는 것이다. 따라서 상대 속도와 달리 단순히 속도만 비교하면 안 된다.

힘이 작용한 시간을 누적한 전체 양은 충격의 양이 되어 충격량이 된다. 운동량−충격량은 지금껏 눈에 보이지 않았던 '시간'을 드러내서 힘의 양적 개념을 확장한 것이다.

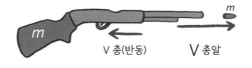

$$m_{총}v_{총} = F\Delta t = m_{총알}v_{총알}$$

$$m_{지우}a_{지우} = F = m_{지아}a_{지아}$$

'지우'는 총, '지아'는 총알에 해당한다.

힘에 작용 시간 Δt를 누적하면 충격량

$\downarrow$

$$m_a = F = ma \rightarrow m_{\Delta v} = F\Delta t = m\Delta v$$

$\uparrow \quad at = \Delta v \quad \uparrow$

총은 총알보다 훨씬 질량이 크다. 들고 다니기 불편하지만, 사격의 정확도를 높이려면 총의 질량을 크게 해야 한다. 총 안에서 총알이 발사될 때 총과 총알은 서로 같은 충격량을 서로 반대 방향으로 주고받는다. 이때 총보다 질량이 작은 총알은 빠르게 날아가고, 질량이 큰 총은 총알보다 느린 속도로 총알이 날아가는 방향의 반대 방향으로 움직이는 반동이 일어난다. 반동이 크면 클수록 연속 사격이 힘들어지며 사격의 정확도가 떨어지기 때문에, 총의 질량을 최대한 크게 해서 똑같은 충격량을 받아도 총은 속도 변화가 작도록 만든다.

이미 일상에 깊게 파고든 물리

시간만큼 매력적인 연구 대상은 없을 것이다. 사람들은 다시 되돌릴 수 없는 시간에 대한 아쉬움과 추억을 '세월'이라는 단어로 아련하게 담아낸다. 특수상대성이론에 의하면 이론적으로는 시간 여행이 가능하다. 널리 알려져 있다시피 우주선을 타고 빛의 속도에 준하는 속도로 운동만 하면 된다. 이때 우주선 안에 있는 사람이나 지구에 남아 있는 사람 모두 자신들의 시간은 정상적으로 흐른다. 하지만 우주선의 시계로 10년을 운동하고 지구로 돌아오면 지구는 70년의 시간이 흘러 있다.(정확한 시간은 우주선의 속도에 따라 달라진다.) 지구 관측자가 운동하는 우주선의 시계를 보면 시간 지연(팽창)이 일어나 느리게 가는 것으로 보인다. 하지만 정작 우주선 안에 있는 사람은 자신의 시간을 정상으로 측정하는데, 이 시간이 10년인 것이다. 따라서 우주선 안에 있는 사람이 지구로 돌아오면 지구의 시간이 더 많이 흘러 있으므로 더 먼 미래가 되어 있다. 즉 빠르게 운동하는 우주선이 곧 타임머신이며 10년을 투자해 70년 뒤의 미래를 선택한 것이 된다. 무엇보다 아쉬운 점은 어떠한 방법을 동원해도 과거로는 절대 되돌아갈 수 없다는 것이다. 하지만 짧게는 몇 초, 길게는 수십만 년 전의 과거를 눈으로 볼 수 있다. 답은 바로 하늘에 있다.

무언가를 보기 위해선 빛(가시광선)이 우리 눈에 들어와야만 한다. 태양과 지구 사이의 거리는 꽤나 멀어서 엄청난 속도의 빛이라 할지라도 태양에서 출발한 빛이 지구에 도달하기까지 약 8분이 소요된다. 즉 우리가 현재 보는 태양의 모습은 이미 8분 전에 태양을 출발한 빛이다. 만약 지금 이 순간의 태양의 실제 모습을 보고자 한다면 지금으로부터 약 8분 뒤에 태양을 보아야 한다.

태양보다 훨씬 멀리 있는 별들의 상황은 더욱 극적이다. 10만 광년(빛의 속도로 10만 년 동안 이동한 거리) 떨어진 거리에 있는 별이 보인다면 현재 우리는 이 별의 10만 년 전 과거를 보고 있는 것이다. 행여 이별이 지금 이 순간 폭발해 최후를 맞이한다 하더라도 앞으로 10만 년 동안 우리 눈에는 별이 계속 존재하는 것으로 보인다. 폭발한 정보를 담고 출발한 빛이 우리 눈에 들어오기까지 앞으로 10만 년이 소요되기 때문이다. 재미있게도 우리는 현재조차 제대로 보지 못하고 있는 것이다.

시간 지연 현상은 상대적 운동(특수상대성이론)에 의해서도 나타나지만 중력(일반상대성이론)에 의해서도 나타난다. 즉 중력이 클수록 시간이 느리게 간다. GPS 위성은 고도에 따라 크기가 각기 다르지만, 매우 빠른 속도로 지구를 돌기 때문에 특수상대성이론의 시간 지연이 발생한다. 즉 위성의 시간은 지구보다 느리게 간다. 하지만 지구로부터 높은 상공에 있기 때문에 일반상대성이론도 적용되므로 결국 지구보다 시간이 빠르게 간다. 지상보다 중력이 4분의 1 정도밖에 되지 않기 때문이다. 두 효과를 종합하면, 결과적으로 GPS 위성의 시간은 매일 백만 분의 38초 빠르게 간다.

시간 지연에 의한 지구와 위성 간 시간 차이는 얼핏 사소해 보이나 GPS 위성의 핵심 기능인 위치 추적에는 상당히 치명적이다. 찰나에 해당하는 짧은 시간이 엄청난 크기의 빛의 속도와 만나면 매일 약 11.4km의 큰 거리 오차를 발생시키기 때문이다. 따라서 GPS 위성의 시계는 백만 분의 38초의 시간 보정이 매일 이루어지고 있다. 뜬구름 잡는 이야기 같았던 시간 지연 현상이 이미 우리 일상에서 매일 적용되고 있었던 것이다. 우리가 사용하는 핸드폰의 위치 정보 표시와 내비게이션 기능은 상대성이론이 아니었다면 실현될 수 없었다.

8장

공간의 물리학

공간의 물리학

일과 에너지

힘을 시간적으로 누적한 양은 충격량이다. 그렇다면 힘을 공간적으로 누적시킬 수는 없을까? **일**work은 힘을 가해 거리를 얼마나 이동시켰는지의 양을 나타내는 개념으로, **힘의 공간적 누적량**이다.

$$W = Fs$$

일은 물체의 에너지를 변화시키기 때문에 중요하다. 에너지의 개념이 등장한 김에 이야기하자면, 물리학은 결론적으로 에너지를 다루는 학문이다. 에너지를 이해하려고 힘에서 시작해 가속도, 속도, 시간 등을 공부한 것이다. 힘은 에너지를 만드는 가장 기본적인 요소이며, 공간적 척도인 거리(변위)를 알기 위해 속도, 가속도와 같은 하위 요인과 시간의 결합이 필요했던 것이다.

일을 하는 만큼 물체의 에너지를 전달하거나 빼앗을 수 있다. 다시 말해 물리에서 일은 에너지를 주거나 뺏는 행위를 말한다. 예를 들어 슈퍼히어로가 정지해 있는 기차를 밀어 기차를 운동하게 만드는 경우, 히어로가

한 일은 기차의 운동에너지로 전환된다. 반면 달려오던 기차를 멈추는 것은 히어로가 일한 만큼 기차의 운동에너지를 빼앗는다. 힘의 방향과 물체의 이동 방향이 같을 때 해준 일(+)만큼 물체의 운동에너지가 증가하며, 힘의 방향과 물체의 이동 방향이 반대일 때는 해준 일(−)만큼 물체의 운동에너지가 감소한다.

한편 물리는 결과를 중시하다 보니 가끔 불편한 상황이 생기기도 한다. 고용자가 두 명의 아르바이트 학생 지우와 지아에게 똑같은 물건을 20m 떨어진 동일한 장소에 옮길 것을 요청했다고 하자. 지우와 지아는 요구대로 정확히 물건을 이동시켰다. 즉 둘 다 똑같은 일work을 한 것이다. 그런데 고용자가 임금을 지불할 때 고민이 생겼다. 지우는 일을 마치는 데 5분이 걸렸지만, 지아는 똑같은 일을 하는 데 무려 5년이 걸린 것이다. 두 학생이 똑같은 돈을 받는 것은 불합리하나, 물리적인 사고대로라면 결과적으로 똑같은 일을 한 것이므로 동일 임금이 지불되어야 한다.

이러한 상황을 방지하기 위해 특별한 물리량을 만들었다. 바로 '양'만 따지는 것이 아닌 '효율'을 따져보는 것이다. 효율의 요소에는 '시간'이 필수적이다. 따라서 한 일을 걸린 시간으로 나눠 일의 효율을 따진다. 이러한 개념을 **일률**power이라고 한다.

$$P = \frac{W}{t}$$

물론 물리학에서 효율이 일에만 있는 것은 아니다. 시간(t)으로 나눠

주는 물리량은 모두 효율을 따지는 것들이다. 대표적으로 속도는 변위를 시간으로 나눈다. 즉 1초당 얼마만큼의 위치 변화가 있는지를 효율로 나타낸 것이고 이 효율이 클수록 빠르다고 하는 것이다. 일률 역시 마찬가지다. 일의 효율을 높이려면 가능한 한 짧은 시간에 일을 끝내야 하므로 큰 힘(F)으로 빠르게(v) 일할수록 일률이 커지는 것을 확인할 수 있다.

$$P = \frac{W}{t} = \frac{Fs}{t} = F\frac{s}{t} = Fv \leftarrow ④$$

※ 물리적 효율은 언어적 표현으로 '강도', '세기'의 의미이다.

① 일을(Fs) ② 짧은 시간($t\downarrow$)에 끝낼수록 일의 효율이 높다.
③ 큰 힘($F\uparrow$)으로 ④ 빠르게($v\uparrow$) 일할수록 일의 효율이 높다.

일의 유무 판단하기

물리학적으로 일($W=Fs$)은 물체에 가한 힘에 의해 이동 거리가 발생했을 때를 의미한다. 따라서 다음의 경우는 일을 한 것으로 보지 않는다.

① 마찰이 없는 면에서 등속 운동하는 물체

처음 움직이는 매우 짧은 순간은 일을 했다고 할 수 있으나 그 이후로는 일을 한 것이 아니다. 내 손을 떠났기 때문에 그 이후로는 힘을 가할 수 없다. 물체가 이동하는 것은 힘에 의해서가 아니라 관성에 의해서다. 힘을 받는다면 물체는 가속되어야 하기 때문이다. 즉 이 경우에는 힘이 없으므로($F=0$) 한 일은 0이다.

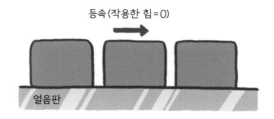

② 힘을 가했으나 아무런 변화가 없는 경우

그림처럼 두꺼운 벽을 미는 경우 이동 거리가 없으므로($s=0$) 힘에 의한 결과가 없다. 힘이 공간적으로 누적된 양은 0이다.

③ 물체의 이동 거리 발생 원인이 힘이 아닌 경우

책을 들고 옆으로 이동하는 경우, 책이 이동하는 것은 가한 힘에 의한 결과가 아니다. 책이 수평 방향으로 이동하는 것은 책을 드는 힘에 의한 것이 아닌 다리의 움직임 때문이다. 즉 힘이 없으므로($F=0$) 한 일은 0이다.

일에 기여한 힘의 판단

물리학적인 일은 물체에 가한 힘이 원인으로 작용하며, 이 힘이 공간적으로 누적되어야 한다. 따라서 힘의 방향과 나란한 방향으로 이동 거리가 발생해야 한다. 힘의 방향과 수직으로 이동하는 것은 이 힘에 의한 결과가 될 수 없다.

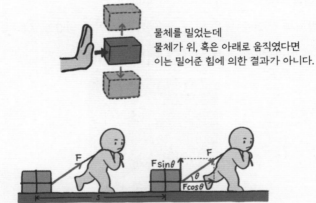

물체를 밀었는데
물체가 위, 혹은 아래로 움직였다면
이는 밀어준 힘에 의한 결과가 아니다.

따라서 힘의 방향과 물체의 이동 방향이 다를 경우에는 위 그림과 같이 물체의 이동 방향에 해당하는 힘의 성분만 따로 구해 일을 계산한다.

$$W = F\cos\theta \times s = Fs\cos\theta$$

↑
$\cos\theta$: 물체 이동과 나란한 (수평) 성분

일의 원리와 도구 ①

지레와 빗면

인간은 일을 쉽게 하기 위해 도구를 사용한다. 여기서 '쉽게'라는 말의 물리적 의미는 힘(F)이 적게 든다는 것이다. 그럼, 도구를 쓰면 일이 적어진다는 말일까? '다른 원인-같은 결과'는 일에서도 여지없이 적용된다.

$$F_s = W = {}_F S$$

(도구를 사용하지 않았을 때=일=도구를 사용했을 때)

같은 일을 할 때 힘이 적게 든다는 말은 그만큼 더 긴 거리를 이동시켜야 한다는 뜻이다. 반면에 힘을 많이 쓰면 그만큼 거리를 적게 이동시켜 같은 일을 끝낼 수 있다. 도구는 힘을 적게 들여 힘의 이득을 보는 장치다. 하지만 힘의 이득을 보는 만큼 반드시 거리상으로는 손해가 발생한다. 즉 일 자체는 아무런 이득이 발생하지 않는다. 이처럼 일의 이득이 없는데도 인간은 왜 도구를 사용할까? 거리에서 손해를 볼지언정 힘이 많이 들어가는 것을 싫어하기 때문이다. 힘의 이득을 보는 대표적인 도구로는 지레, 빗면, 도르래가 있다.

지레

동일 물체를 같은 높이까지 들어 올리는 일을 할 때 지레를 사용하면 물체를 직접 드는 것보다 힘이 적게 든다. 하지만 직접 들어 올리는 것과 일의 결과는 똑같기 때문에 지렛대는 직접 들어 올리는 것보다 더 많이 이동시켜야 한다. 즉 힘에서 이득을 보는 만큼 거리는 손해를 보는 것이다.

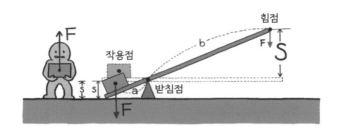

$$F_s = W = {}_F S$$

(3 × 2 = 6 = 2 × 3)
(직접 물체를 들어 올려 한 일 = 지레를 이용해 한 일)

빗면

빗면을 이용하면 직접 들어 올리는 것보다 물체를 이동시켜야 하는 거리(s)가 길어진다. 거리에서 손해가 발생하는 만큼 힘의 이득이 발생하기 때문에 빗면의 길이가 길어질수록(경사가 완만할수록) 적은 힘으로 목표 높이까지 물체를 이동시킬 수 있다.

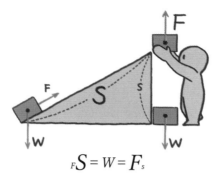

$$_FS = W = F_s$$

$(2 \times 3 = 6 = 3 \times 2)$
(빗면을 이용해 한 일=직접 물체를 들어 올려 한 일)

계단과 빗면

가장 정직하게 높은 건물에 올라가는 방법은 건물 옥상에서 지면까지 내려놓은 줄을 타고 올라가는 것이다. 하지만 이는 너무 많은 힘이 들기 때문에 불가능하다. 따라서 거리가 늘어나지만 적은 힘으로 건물을 올라갈 수 있는 빗면을 모든 건물에 설치한다. 다만 빗면이 건물 밖으로 돌출되어 있으면 공간적인 낭비가 발생하고 외관적으로도 그리 좋지 않기 때문에 빗면을 일정한 간격으로 계속 접어 건물 안에 넣는다. 이것이 바로 계단이다.

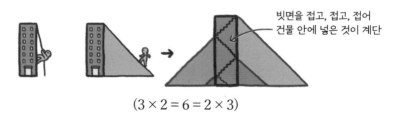

빗면을 접고, 접고, 접어 건물 안에 넣은 것이 계단

$(3 \times 2 = 6 = 2 \times 3)$

(줄을 타고 올라가는 일=빗면(계단)을 타고 올라가는 일)

시소와 지레, 돌림힘

지레는 시소와 원리가 똑같다. 아빠와 딸이 시소를 탈 때를 가정해보자. 이미 무게 차이가 있기 때문에 시소의 받침점으로부터 똑같은 거리에 앉게 된다면 균형을 이루지 못한다. 따라서 딸은 아빠보다 받침점에서 더 먼 곳에 앉아야 균형을 맞출 수 있다.

[아빠] 큰 무게(힘)×짧은 거리=작은 무게(힘)×긴 거리 [딸]

딸은 어떻게 자신보다 무거운 아빠를 반대편으로 올릴 수 있을까? 그만큼 거리에서 손해를 보기 때문이다. 힘의 이득과 거리의 손해 기준은 받침점이다. 받침점에서 s만큼 떨어진 무게(F)의 물체를 절반의 힘($\frac{1}{2}F$)을 가해 들어 올리고 싶다면, 받침점에서 누르는 지레의 길이를 2배(2s)로 해주면 된다.($F \times s = \frac{1}{2}F \times 2s$) 마찬가지로 $\frac{1}{3}F$로 들어올리고 싶다면, 받침점에서 누르는 지레까지 거리를 3배(3s)로 해준다.($F \times s = \frac{1}{3}F \times 3s$)

이렇게 움직이는 시소를 회전 운동의 일부로 보면 일의 원리가 곧 돌림힘의 정의가 된다.

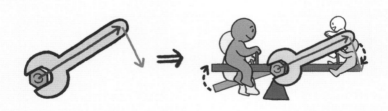

$$\tau = r \times F$$

　회전하는 물체의 회전 척도인 돌림힘torque은 강한 힘(F)을 가할수록, 회전축까지의 거리(r)가 길수록 커진다. 따라서 딸이 아빠보다 적은 힘(무게)으로 시소를 돌릴 수 있는 이유는 딸의 무게(힘)가 적지만 시소의 회전축까지 거리가 멀어서 큰 돌림힘을 만들 수 있기 때문이다.

일의 원리와 도구 ②

도르래

도르래는 얼핏 획기적인 역할을 수행하는 발명품처럼 보이지만 사실 특별한 기능이 있는 장치는 아니다. 도르래로 하는 일의 실체는 줄이며, 특히 줄의 연결 방법이 핵심이다.

① 고정도르래(줄에 물체를 직접 연결)

줄에 물체를 직접 연결하면 줄은 매달린 물체의 무게를 그대로 사람에게 전달한다. 따라서 물체를 매단 줄을 잡아당기는 일은 힘의 이득이 없

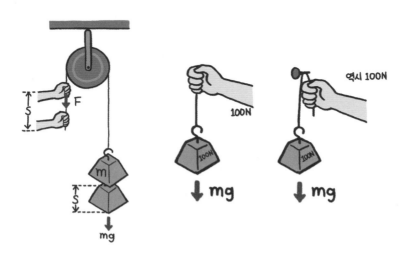

다. 또한 줄을 잡아당기는 거리만큼 물체도 동일하게 이동하니 거리의 이득도 없다.

이제 물체가 매달린 줄을 벽에 고정된 못에 걸고 줄을 잡고 있으면 물체의 무게는 어떻게 될까? 못이 손을 대신해 어느 정도 물체의 무게를 덜어줄 것이라 생각하는 사람도 있겠지만 그렇지 않다. 못 때문에 줄의 형태가 휘어도 물체의 무게는 줄을 타고 그대로 손까지 전달된다. 따라서 줄에 물체를 매달고 일을 하면 힘과 거리에 아무런 이득과 손해가 발생하지 않는다. 다시 말해 도구 없이 직접 일을 하는 것과 동일한 것이다. 그런데 왜 줄을 사용하는 것일까? 줄은 같은 크기의 힘을 방향을 바꿔 전달할 수 있다. **힘을 가하기 좋은 방향으로 전환하는 데** 줄이 사용되는 것이다.

여기서 벽에 고정된 못이 바로 고정도르래 구조다. 다만 실제 고정도르래는 줄이 좀 더 매끄럽게 움직일 수 있도록 못에 바퀴를 끼워 넣었다. 고정도르래는 위로 올려야 할 줄을 아래로 당길 수 있도록 줄의 방향을 바꿔준다. 힘의 이득이 없는데 줄의 방향을 바꿔주는 것이 무슨 의미가 있을까?

첫째, 인체 구조상 유리함을 얻을 수 있다. 물체를 위로 들어 올리는 것은 오로지 팔의 힘만으로 당겨야 하지만, 아래로 힘을 가하는 것은 줄에 매달릴 수 있어 팔 힘뿐 아니라 체중도 실을 수 있다. 둘째, 실제 힘의 이득이 있는 움직도르래를 함께 사용할 수 있다.

② 움직도르래(줄에 물체를 간접 연결)

움직도르래는 줄에 물체를 직접 연결하지 않는다. 줄에 열쇠고리를 통과시키고 줄을 반으로 접은 다음, 열쇠고리에 물체를 연결한다. 열쇠고리에 의해 한 줄이 두 줄이 된 것이다. 반으로 접힌 두 가닥의 줄에 물체의 무게가 전부 실린다. 따라서 줄 하나에는 정확히 물체 무게의 절반이 걸린다. 이때 한 줄은 천장에 묶어두고 나머지 한 줄만 내가 잡는다면 정확히 물체 무게의 절반만 부담하면 된다. 둘 중 어느 한 줄을 잡아당길 때 물체와 함께 움직이는 열쇠고리 혹은 비슷한 역할을 하는 물체가 바로 움직도르래다.

물론 이때도 힘의 이득을 얻었으니 거리에서는 반드시 손해가 발생한다. 1m 줄을 절반으로 접어 물체를 매달았다고 했을 때, 이미 물체는 50cm에 해당하는 높이에 위치하고 있으므로 줄 1m를 다 잡아당겨도 물체는 최고 높이인 50cm밖에 올라가지 못한다. 힘의 이득이 2배 발생하면 거리의 손해가 2배 발생하므로 이때도 결국 한 일은 변함없다.

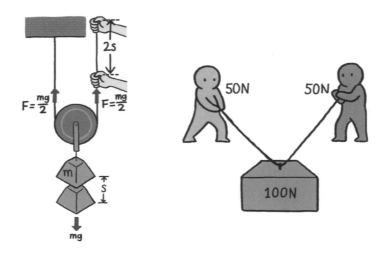

오래전에 학교에서 물리를 배웠던 독자라면 아래와 같은 도르래 문제에 알레르기 반응이 일어날 것이다. 하지만 도르래의 원리를 제대로 이해하면 그 어떠한 도르래 문제도 쉽게 해결할 수 있다. 도르래를 머릿속에서 지우고 오로지 물체가 줄에 어떻게 연결되어 있는지만 파악하면 된다.

Q1. 무게 mg인 물체가 일정한 속도로 올라가고 있을 때 줄을 잡아당기는 힘 F의 크기는?

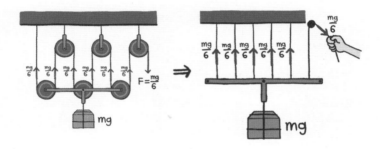

우선 도르래보다 물체에 매달린 줄의 연결 상태를 확인한다. 총 6개의 줄이 물체에 연결되어 있으므로 물체의 무게 mg를 각 줄이 $\frac{mg}{6}$씩 나눠 들고 있는 셈이다. 그리고 이 중 5개의 줄은 천장이 들어주고 있다. 고정도르래는 두 줄을 한 줄로 모아 천장에 연결한다.

물체에 연결된 6개의 줄 중에 1개만 잡고 있으므로 물체를 들어 올리는 데 들어가는 힘은 $F=\frac{mg}{6}$이다.

Q2. 무게 mg인 물체가 일정한 속도로 올라가고 있을 때 줄을 잡아당기는 힘 F의 크기는?

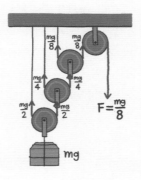

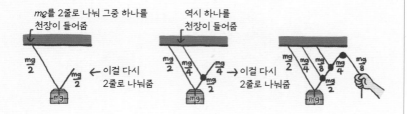

mg를 2줄로 나눠 그중 하나를 천장이 들어줌

이걸 다시 2줄로 나눠줌

역시 하나를 천장이 들어줌

이걸 다시 2줄로 나눠줌

역시 시작은 물체에서부터 출발한다. 물체에 2개의 줄이 매달려 있으므로 각 줄에는 물체의 무게 절반($F=\frac{mg}{2}$)씩 걸린다. 한 줄은 천장이 들어주고 있고 나머지 한 줄($F=\frac{mg}{2}$)을 내가 들어야 하지만, 이 줄을 다시 두 줄로 땋아 그중 하나($F=\frac{mg}{4}$)는 또다시 천장이 든다. 마지막 남은 한 줄($F=\frac{mg}{4}$)마저도 움직도르래를 통해 또다시 두 줄로 땋아 나누고(각각 $F=\frac{mg}{8}$) 한 줄은 천장에, 남은 한 줄만 고정도르래로 방향을 바꿔 내가 들고 있기 때문에 줄을 당기는 힘은 $F=\frac{mg}{8}$이다.

천장이 드는 물체의 무게:

$$\frac{mg}{2} + \frac{mg}{4} + \frac{mg}{8} = \frac{7}{8}mg \text{(천장에 연결된 줄 총 3개)}$$

내가 드는 물체의 무게:

$$\frac{1}{8}mg \text{(내가 잡은 줄 총 1개)}$$

힘의 이득이 8배 발생하므로 거리는 8배 손해라는 사실을 잊지 말기 바란다. 물체를 원하는 높이까지 올리기 위해서 줄은 물체를 올리는 높이의 8배만큼을 당겨줘야 한다.

일의 원리를 한마디로 요약하면 "세상에 공짜는 없다!"이다. 여러분이 살아가면서 반드시 명심해야 할 우주의 작동 원리 중 하나이기도 하다. 힘의 이득을 보면서 거리의 이득도 볼 수는 없다. 세상의 모든 일은 결코 저절로 이루어지지 않는다. '공짜'를 '기회'로 착각하지 않도록 주의하기 바란다. 사기꾼들은 공짜를 좋아하는 사람의 심리를 교묘하게 파고들지만, 일의 원리를 알고 있다면 사기꾼들의 표적이 될 가능성은 매우 적어진다. 어떤 일에 내 노력이 얼마나 투입되었는지를 판단할 수 있다면 '기회'와 '공짜'를 구별하는 것은 생각보다 어렵지 않다.

일과 운동의 관계는?

운동에너지

운동하는 물체는 또 다른 물체에 일을 할 수 있다. 충돌 과정에서 다른 물체에 힘(F)을 가해 공간적으로 위치(s)를 변화시킬 수 있기 때문이다.($W=Fs$) 이 말은 일과 에너지가 서로 전환이 가능하다는 것을 의미한다. 이때 운동하는 물체가 가진 에너지를 운동에너지kinetic energy라고 한다. 운동에너지는 운동하는 물체의 질량 및 속도의 제곱에 비례한다. 이러한 관계는 실험을 통해서 알아낸 것이다.

$$E_k = \frac{1}{2}mv^2$$

식으로 유도하는 방법은 정지해 있는 질량 m인 물체를 속도 v로 운동시키기 위해 해준 일을 구하면 된다. 이때 가속도 a는 등가속도 운동 3번째 공식($2as=v^2-0^2 \rightarrow a=\frac{v^2}{2s}$)을 이용한다.

$$W = Fs = ma \times s = m\frac{v^2}{2s}s = \frac{1}{2}mv^2$$

물체에 일을 하면 언제나 물체의 운동에너지가 변한다. 일을 했다는 것은 물체에 가해진 힘이 존재하며 이로 인한 위치 변화가 발생했다는 뜻이다. 위치 변화에도 필연적으로 시간이 소요되므로 속도(v)는 운동에너지의 필수 요소다. 이제 주체를 일이 아닌 일을 받는 물체(m)로 전환하면 운동에너지 형태가 완성된다. 즉 **일을 받은 만큼 물체의 운동에너지는 변한다.** 이를 '일−운동에너지 정리'라 한다.

$$\frac{1}{2}mv_0^2 + Fs = \frac{1}{2}mv^2$$

여기서 반드시 기억할 사항이 있다. **물체가 일을 받았다면 반드시 물체의 운동에너지가 변한다**는 사실을 꼭 이해해야 한다. 어떠한 힘이든 물체가 힘에 의해 움직이면 시간에 따른 위치 변화가 발생한다. 따라서 속도 변화에 기인한 운동에너지의 변화가 일어난다. 이 개념이 정확해야 운동에너지와 뒤에 나올 퍼텐셜 에너지, 퍼텐셜 에너지와 운동에너지 사이의 관계를 제대로 이해할 수 있다. 물체의 운동에너지는 중력장과는 전혀 무관하며 일단 움직이기만 하면 물체는 운동에너지를 갖는다. 이때 물체를 움직이게 하는 원인은 세상에 존재하는 모든 힘으로 어떠한 힘이든 관계 없다.(참고로 퍼텐셜 에너지와 관련한 힘은 따로 있다.)

이제는 일의 유무 판단을 262쪽처럼 복잡하게 확인할 필요가 없어졌다. 물체에 일을 하면 운동에너지가 변하기 때문에 운동에너지의 변화 유무로 일을 판단하면 된다. 이것이 훨씬 세련된 접근 방법이다. 운동에너지의 변화는 물체가 중간에 바뀌지 않는 한 질량이 변하지 않으므로 속도 변화가 원인이다. 따라서 속도 변화가 발생한 경우에만 물체는 일을 받은 것이 된다.

물리학은 우려먹기가 심한 학문이라고 이야기했다. 일과 운동에너지의 형태가 같다는 것을 증명하는 과정은 앞서 설명한 가속도의 두 가지 버전과 그 과정이 유사하다. 시간당 속도의 변화량이라는 가속도의 개념을, 물체(m)를 주인공으로 주체를 바꿔 나타낸 것이 뉴턴의 가속도 법칙(제2법칙)이었다.

일이 곧 운동에너지($Fs=\frac{1}{2}mv^2$)라는 것 역시 일의 정의를 일을 받는 물체(m)로 표현의 주체를 옮긴 것뿐이다. 이처럼 동일한 내용을 달리 표현하는 방식 때문에 물리 공식이 많다고 느껴지는 것이다.

일과 운동에너지의 관계 (v_0: 처음 속도, v: 나중 속도)

① 정지해 있는 물체에 10만큼 일을 해줬다. 그럼 이 물체에 전달된 에너지는 10으로 물체의 최종 운동에너지는 10이 된다.

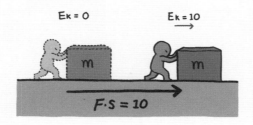

받은 일
↓
$$0 + 10 = 10 \ \left(\frac{1}{2}mv_0^2 + Fs = \frac{1}{2}mv^2\right)$$
↑   ↑
처음 운동에너지   나중 운동에너지

② 10의 운동에너지를 가지고 운동하는 물체에 같은 방향으로 20의 일을 해주면 물체의 운동에너지는 30이 된다.

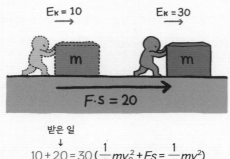

$$10 + 20 = 30 \left(\frac{1}{2}mv_0^2 + Fs = \frac{1}{2}mv^2 \right)$$

③ 50의 운동에너지를 가지고 운동하는 물체에 반대 방향으로 50의 일을 해주면 물체는 모든 운동에너지를 빼앗겨 정지한다.

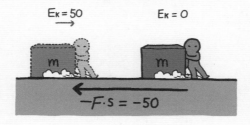

$$50 + (-50) = 0 \left(\frac{1}{2}mv_0^2 + (-Fs) = \frac{1}{2}mv^2 \right)$$

④ 30의 운동에너지를 가지고 있는 물체에 아무 일도 하지 않으면 물체의 운동에너지 변화는 없다.

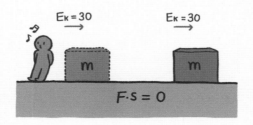

받은 일
↓
$$30 + 0 = 30 \; (\frac{1}{2}mv_0^2 + Fs = \frac{1}{2}mv^2)$$
↑   ↑
처음 운동에너지   나중 운동에너지

시간과 공간의 연결 고리

속도

눈치 빠른 사람이라면 이미 짐작했겠지만, '충격량—운동량 정리'와 '일—운동에너지 정리'는 작동 형식이 똑같다.

$$충격량{-}운동량 \ 정리 : mv_0 + Ft = mv$$

(힘의 시간적 누적(충격량)은 운동량을 변화시킨다.)

$$일{-}운동에너지 \ 정리 : \frac{1}{2}mv_0^2 + Fs = \frac{1}{2}mv^2$$

(힘의 공간적 누적(일)은 운동에너지를 변화시킨다.)

시간(t)과 공간(s)은 속도($v = \frac{s}{t}$)를 통해 서로 연결되어 있다. 따라서 '충격량—운동량 정리'를 '일—운동에너지 정리'로 유도할 수 있다.

힘에 의해 물체의 속도가 t초 동안 $v_0 \rightarrow v$로 변했다면 변위는 $s = \frac{v_0 + v}{2} \times t$가 된다. 이를 일—운동에너지 정리($Fs = \frac{1}{2}mv^2 - \frac{1}{2}mv_0^2$)에 그대로 대입하면 충격량—운동량 정리가 된다.

$$F \times \frac{v_0+v}{2}\, t = \frac{1}{2}\, mv^2 - \frac{1}{2}\, mv_0^2$$

$$\to F \times \left(\frac{v_0+v}{2}\right) t = \frac{1}{2}\, m(v+v_0)(v-v_0)$$

$$\to Ft = m(v-v_0) = mv - mv_0$$

당연한 이야기이지만, 과정의 역순으로 충격량－운동량 정리에 평균 속도($\frac{v_0+v}{2}$)를 양변에 곱해주면, 평균 속도×시간=변위이므로 시간적 요인이 공간적 요인으로 바뀌게 된다. 따라서 일－운동에너지 정리가 유도된다.

등가속도 운동 공식 트리오($v = v_0 + at$, $s = v_0 t + \frac{1}{2}at^2$, $2as = v - v_0^2$) 중 시간 요소를 표현에서 없앤 셋째 공식 $2as = v - v_0^2$ 역시, 시간적 요소가 표현에 드러나지 않는 일－운동에너지 정리($Fs = \frac{1}{2}mv^2 - \frac{1}{2}mv_0^2$)로 유도할 수 있다. 합력($\Sigma F$)은 $\Sigma F = ma$이므로

$$Fs = mas = \frac{1}{2}\, mv^2 - \frac{1}{2}\, mv_0^2$$

으로 나타낼 수 있다. 이제 모든 항에 존재하는 질량(m)을 약분해서 없애고 양변에 2를 곱해주면

$$as = \frac{1}{2}\, v^2 - \frac{1}{2}\, v_0^2 \to 2as = v^2 - v_0^2$$

이 되어 이동 거리－속도 공식이 유도된다.

질량(m)을 약분해 없앤다는 말은 이제 물체를 주인공으로 표현하지 않겠다는 것이다. 즉 '$2as=v-v_0^2$'은 물체라는 '대상'이 아닌 물체의 행동인 '운동'의 관점으로 표현한 식이다.

1차원 운동 정리

① 물체(m)에 힘(ΣF)이 작용하면 힘의 효과(a)가 발생한다.

→ $\Sigma F = ma$

② 힘(F)이 시간적으로 누적($\times \Delta t$)되면 운동량(Δp)이 변한다.

→ $\Sigma F \Delta t = \Delta p$

③ 힘(ΣF)이 공간적으로 누적($\times s$)되면 운동에너지(ΔE_k)가 변한다.

→ $\Sigma Fs = \Delta E_k$

이 세 가지 관계를 공통 요소인 힘(ΣF)을 기준으로 한 줄로 나타낼 수 있다.

$$\Sigma F = ma = \frac{\Delta p}{\Delta t} = \frac{\Delta E_k}{\Delta s}$$

지금까지 200쪽이 넘는 분량으로 설명하고 배워왔던 모든 내용을 사실상 한 줄로 깔끔하게 정리한 셈이다.

새로운 표현, 미분과 적분

가장 대표적인 누적 방법은 덧셈(+)이다. 이때 누적하는 대상이 변하지 않고 고정되어 있다면 곱셈(×)도 사용할 수 있다. 곱셈은 누적을 보다 효율적으로 할 수 있는 수학적 기술이다.

$$3 + 3 + 3 + 3 + 3 + 3 + 3 + 3 + 3 + 3 = 30$$
$$\rightarrow 3 \times 10 = 30$$

↑   ↑
누적 대상(3으로 고정)   누적 횟수

이처럼 곱셈은 누적 대상의 양을 횟수로 표현해 누적의 효율성을 높인다. 이때 중요한 점은 누적 대상이 변하지 않아야 한다는 것이다. 따라서 누적 대상이 2, 7, 4,…처럼 변할 때는 곱셈으로 누적하는 것이 불가능하다.

그렇다면 변하는 것을 일일이 더하지 않고도 쉽게 누적하는 방법은 없을까? 역시 인간은 이런 걸 포기할 존재가 아니다. 당연히 방법을 고안해 냈다. 변하는 것을 쉽게 누적하는 방법을 바로 '적분'이라고 한다. 단, 변화의 규칙성은 존재해야 한다.

45쪽에서 살펴봤던 다이어트 공식을 기억하는가? 이 중 '먹는 양이 많을수록 살찐다.'에 집중해보자. 이제 1년 동안 먹는 양에 따른 살찐 양을 계산할 것이다. 1년이라는 단위는 너무 덩어리가 크므로 1일 단위로 쪼갠다. 짧게 쪼갠 시간을 Δt로 표현하며 이렇게 작게 나누는 과정을 '미분'이라고 한다.(사실 하루 역시 덩어리가 너무 크다. 물리에서 시간을 쪼갤 때는 1초 단

위보다도 더 작은 '찰나의 순간'으로 쪼갠다. 이를 강조하기 위해 Δ→d로 표현을 바꾼다. dt는 Δt보다도 훨씬 짧은 극한의 시간 간격이다.)

1일 동안 먹는 양에 따라 살찌는 양이 결정된다. 즉 우리가 구하려는 살찐 양은 1일이라는 조건에서 자유롭지 못하다. 이를 $f(t)$로 표현한다. $f(t)$의 의미는 t 동안 살찐 양 f를 나타낸다. 이를 수학에서는 함수function라고 한다. 이제 1일차부터 365일차까지 총 1년 동안 살찐 양은 다음과 같이 계산할 수 있다.

$$f(1) + f(2) + f(3) + \cdots f(365)$$

이때 총 365개를 쉽게 누적하는 방법이 바로 적분이다. 앞서 이야기한 대로 곱셈을 사용하지 못하는 이유는 누적 대상이 변하기 때문이다. $f(1)$, $f(2)$, $f(3)$ 등등은 모두 값이 제각각이다. 이제 365개의 살찐 양의 나열을 획기적으로 줄여 표현해보자.

누적을 의미하는 기호를 Σ→∫로 바꿔서 '나 적분이야'라고 특별함을 한껏 뽐내보자. 적분 기호의 이름은 integral(인테그럴)이라고 붙였으며 변하는 것을 누적하라는 의미를 부여했다. 이때 기호 아래와 위에 숫자를 써서 누적 범위를 기록한다.

$$f(1) + f(2) + f(3) + \cdots f(365)$$
$$\rightarrow \int_{1}^{365} f(t)\,dt$$

이게 적분의 전부다. 앞서 3×10=30에서 3에 해당하는 것이 $f(t)$, 누적 횟수에 해당하는 것이 dt이다. 즉 $f(t) \times dt$로 결국엔 곱셈과 형태가 같아졌고 $\int_{1}^{365}$를 이용해 더하는 범위가 시각화되었다.

이제 충격량과 일을 적분으로 표현하면 뭔가 대단해 보인다.

$$충격량\ I = \int_{t_1}^{t_2} F(t)\,dt$$

$$일\ W = \int_{x_1}^{x_2} F(x)\,dx$$

충격량은 우리가 이미 배운 것처럼 힘의 시간적 누적($F(t) \times dt$)이다. 이때 힘 $F(t)$는 시간에 따라 변하며 누적할 기간은 t_1부터 t_2까지임을 나타내고 있다. 마찬가지로 일은 힘의 공간적 누적($F(x) \times dx$)이며 힘 $F(x)$는 위치 x에 따라 변하고 있다. 누적할 범위는 x_1 지점부터 x_2 지점까지다.

우리가 중고등학교에서 배운 물리학의 충격량($I=Ft$)과 일($W=Fs$)에 적분 기호가 없는 이유는 힘(F)이 각각 시간과 공간에 종속되지 않고 일정하다고 가정하기 때문이다. 누적 대상이 변하지 않기 때문에 단순히 곱셈으로 표현이 가능했던 것이다.

· 미분: 매우 작은 요소로 나누기 $\Delta \rightarrow d$
· 적분: 변하는 것을 누적하기 $\Sigma \rightarrow \int$

특별한 힘에 일을 해서 저장한 에너지

퍼텐셜 에너지

상대적인 위치에 따라 에너지가 지금 당장 일로 나타나지 않고 저장되는 경우가 있다. 이 저장된 에너지는 필요할 때 얼마든지 다시 일로 전환할 수 있다. 이렇게 언제든지 일로 전환할 수 있는 저장된 에너지 형태를 **퍼텐셜 에너지(위치에너지)**라고 한다.

장난감 용수철 총에 총알을 장전하는 과정을 살펴보자. 힘(F)을 가해 총알을 총의 슬라이드로 잡아당겨(s) 100의 일을 해 총알을 장전한다. 즉 총알에 일을 해준 것이다. 총알이 일단 움직였기 때문에 총알은 일을 받은 만큼 반드시 운동에너지를 가져야 한다.

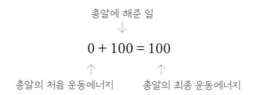

총알에 해준 일
↓
$$0 + 100 = 100$$
↑   ↑
총알의 처음 운동에너지   총알의 최종 운동에너지

그러나 총알은 방아쇠를 당기기 전까지 총 안에서 정지해 있다. 즉 현재 운동에너지가 0인 것이다.

$$0 + 100 = 0?$$

총알의 운동에너지 100이 요술처럼 사라졌다. 총알에 가한 100의 일은 어디로 간 것일까?

처음과 달리 모양이 변한 용수철에 주목해보자. 총알에 해준 100의 일이 총알로 간 것이 아니라 형태가 변한 용수철에 장전(저장)된 것이다. 따라서 그 이후의 역학적 과정을 더 진행해보면 해결의 실마리가 풀릴 것이다. 방아쇠를 한번 당겨보자. 방아쇠를 당기는 순간 용수철의 모양이 원래대로 돌아오면서 저장된 100의 일을 고스란히 토해내며 이를 다시 총알에 전달한다. 총알은 비로소 처음 받은 일과 동일한 크기인 100의 운동에너지를 갖고 총구 밖을 빠져나온다.

정지된 물체가 일을 받으면 위치는 변한다. 분명 위치 변화에 크든 작든 시간이 소요되었을 테니 속도가 존재하며, 이는 운동에너지의 존재를 암시한다. 이 과정을 한마디로 표현한 것이 '일을 받은 만큼 물체의 운동에너지는 **반드시** 변한다.'이다. 그럼에도 불구하고 물체의 운동에너지에 변화가 발생하지 않았다면, 일한 만큼의 에너지가 다른 형태의 에너지로 전환되었다고밖에 달리 생각해볼 방도가 없다. 특히 되돌려 받을 수 있도록 저장된 형태의 에너지로 전환되었을 때 이를 퍼텐셜 에너지(E_p)라고 한다. 퍼텐셜potential의 의미는 잠재되어 있다는 뜻으로, 퍼텐셜 에너지는 언제든지 운동에너지로 전환할 수 있다는 것을 전제로 한다. 퍼텐셜 에너지는 중력 퍼텐셜 에너지, 전기력 퍼텐셜 에너지, 탄성력 퍼텐셜 에너지 등이 있으며 각각 중력, 전기력, 용수철의 탄성력과 같이 특별한 힘에 대해 일을 할 때 발생한다.

총알 장전을 통한 퍼텐셜 에너지 저장과 풀림 과정

일 Fs = 100을 가해 총알 장전

→ 용수철에 저장된
퍼텐셜 에너지 100

→ 총알 운동에너지 0

일 ⇄ 운동에너지

↑

일을 하되 탄성력, 중력, 전기력에 대해 일을 하는 경우
이 사이에 퍼텐셜 에너지 전환이 끼어들어 아래와 같은 상황이 발생한다.

↓

일 ⇄ 퍼텐셜 에너지 ⇄ 운동에너지

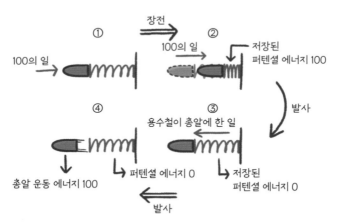

총알의 일-운동에너지 전환 과정: ① ⇄ ④

운동에너지-퍼텐셜 에너지 전환 과정: ② ⇄ ③

$\frac{1}{2}$의 존재감

운동하는 물체는 운동에너지를 갖는다. 이때 물체의 운동에너지를 주고 뺏는 행위가 일(W)이었다. 따라서 물체의 운동에너지의 변화량은 일의 양에 의해 결정된다.

$$Fs = mas = ma \times \frac{0+v}{2}t = m\frac{v}{2}at = \frac{1}{2}mv^2$$

(※ 초기 조건이 정지일 경우 $v_0=0$)

이를 적분으로 계산해보자. 힘($F=ma$)이 변하지 않으면 a 역시 변하지 않기 때문에 적분을 사용할 수 없다.(그냥 곱셈을 쓰면 된다.) 따라서 힘이 x에 따라 변해 가속도 역시 변하는 방식으로 변경해보자.

$$F(x) = m\frac{dv}{dt}\left(\because a = \frac{\Delta v}{\Delta t}\right)$$

하지만 아직 적분 기호를 씌울 수 있는 상황이 아니다. 적분 형태가 아니기 때문이다. 따라서 오로지 적분 형태로 만들기 위해 수학적 조작을 강행한다. $\frac{dv}{dt}$에 dx를 나누고 곱해준다.($\frac{dv}{dt} \times \frac{dx}{dx} \rightarrow \frac{dv}{dx} \times \frac{dx}{dt}$) 즉 똑같은 것을 줬다 뺏음으로써 처음과 변한 것은 없지만 형태는 바꿀 수 있다. 이러한 줬다 뺏기 기술을 수학에서는 **변수 분리**라고 한다. $\frac{dx}{dt}$는 위치의 시간적 변화이므로 속도(v)임을 알 수 있다.

$$F(x) = m\frac{dv}{dx} \times \frac{dx}{dt} = m\frac{dv}{dx}v = mv\frac{dv}{dx}$$

여기까지 잘 따라왔다. 이는 적분 형태를 만들기 위한 순수한 짜집기 과정이고 이런 것을 능숙하게 잘하는 사람을 수학에 재능이 있다고 하는 것이다. 이제 곧 적분 형태가 완성된다. 양변에 dx를 곱해주면 좌변은 x에 의해 변하는 $F(x)$와 짧은 x 간격인 dx와의 곱셈 형태가 된다. → $F(x)dx$

마찬가지로 우변 역시 변하는 v와 짧은 v 간격인 dv와의 곱셈 형태가 된다. → $mvdv$

$$F(x) = mv\frac{dv}{dx} \rightarrow F(x)dx = mvdv$$

이제 양쪽에 적분 기호를 씌우는 일만 남았다. $\int_{v_0}^{v} mvdv$을 계산하면 $\frac{1}{2}mv^2 - \frac{1}{2}mv_0^2$이 되어 일-운동에너지 정리가 증명된다. 만약 초기 속도(v_0)가 0이라면 최종 운동에너지 형태가 된다.

$$W = \int_0^x F(x)\,dx = \int_0^v mvdv = \frac{1}{2}mv^2$$

재미있는 사실은 이렇게 복잡한 과정을 거치지 않고도 앞서 평균을 이용해 단 한 줄로 운동에너지를 구해냈다는 사실이다. 실제 적분을 구하는 것이 일반적 상황에 적용되는 일이기는 하나 힘에 의한 속도 변화의 정도가 일정할 때는 단순히 평균을 사용하면 된다. 즉 평균은 $\frac{1}{2}$을 통해서 자신의 존재감을 드러낸다.

지구와 물체 사이의 보이지 않는 용수철

중력 퍼텐셜 에너지

용수철과 같은 탄성체는 변형될 때 변형에 필요한 일이 운동에너지가 아닌 퍼텐셜 에너지로 저장된다. 그리고 원래 모습으로 되돌아가는 과정에서 다시 운동에너지로 전환된다. 총의 장전은 일을 퍼텐셜 에너지 형태로 저장해 두었다가 필요한 순간 방아쇠를 당겨 총알의 운동에너지로 전환시킬 수 있는 방법이며, 이는 탄성력에 대해 일을 해놓았기 때문에 가능했던 것이다.

흥미롭게도 지구의 중력이 용수철과 같은 원리로 작동한다. 물체에 힘을 가해 들어 올린 상태를 생각해보자. 힘을 가해 물체를 이동시켰기 때문에 물체에 일을 한 것이다. 그렇다면 물체는 일을 받은 만큼 운동에너지를 가져야 하지만 물체는 정지해 있다. 물체가 가져야 할 운동에너지는 도대체 어디로 간 것일까? 이때 물체의 운동에너지는 눈에 보이지 않는 중력 용수철인 중력장(특별한 상태)에 저장되어 있다. 지구와 물체 사이에 보이지 않는 용수철이 연결되어 있고, 물체를 들어 올리면 중력 용수철이 늘어나 일을 한 만큼 중력 퍼텐셜 에너지로 저장된다.

지구 중력에 대해 한 일

$$W = mg \cdot h$$

→ 저장된 퍼텐셜 에너지

중력장≒지구와 물체 사이에 연결된 보이지 않는 용수철

이때 장전된 양은 중력에 대해 일($W=Fs$)을 한 만큼이므로 F를 물체의 중력인 mg로, 위치 변화의 길이 s 대신 장전 높이height로 표현해 h로 글자만 바꿔 표현하면 된다.

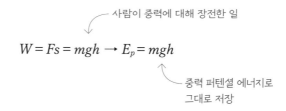

사람이 중력에 대해 장전한 일

$$W = Fs = mgh \rightarrow E_p = mgh$$

중력 퍼텐셜 에너지로
그대로 저장

여기서 중력 퍼텐셜 에너지에는 $\frac{1}{2}$이 보이지 않는다는 사실을 주목해보자. $\frac{1}{2}$이 없다는 것은 곧 **평균을 구하지 않았다는 뜻이다.** 따라서 평균을 낼 **변화가 없다**는 것을 의미한다. 즉 중력(mg)은 장전 높이(h)에 따라 변하지 않고 일정했다. 이는 우리가 아무리 높게 물체를 장전해도 장전 길이는 지구의 반지름에 비해 너무 작아 무시할 정도의 수치이므로 중력 역시 이 정도 거리로는 전혀 변화가 발생하지 않는다.(125쪽 참고)

장전된 일의 양은 고스란히 중력 퍼텐셜 에너지로 저장되어 있다가

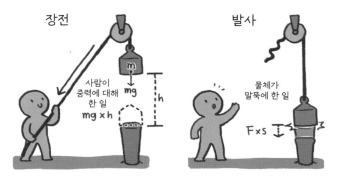

장전 발사

사람이
중력에 대해
한 일
mg x h

물체가
말뚝에 한 일

$$mgh \rightarrow \frac{1}{2}mv^2 \rightarrow F{\times}s로\ 전환!$$

물체를 놓는 순간(방아쇠를 당기는 순간) 중력장(중력 용수철)이 물체에
일을 하면서 물체의 운동에너지로 전환된다. 낙하하며 떨어지는 물체는
자신이 가진 운동에너지만큼 또 다른 물체에 일을 할 수 있다.

전하 사이의 보이지 않는 용수철, 전기력 퍼텐셜 에너지

전기력에 대해 일(W)을 하는 것은 서로 잡아당기는 인력을 작용하는
(+)전하와 (−)전하를 떼어 놓는 것으로, 역시 용수철에 일을 해서 에너지
를 저장하는 것과 같다. 즉 일을 한 만큼 전기력 퍼텐셜 에너지로 저장된
다. 반대로 같은 전하 사이에는 척력이 존재하므로 이 둘을 가까이할 때
일이 필요하다. 즉 이때는 용수철을 늘리는 것이 아닌 압축하는 데 들어간
일만큼 에너지가 저장된다고 생각할 수 있다.

건전지가 바로 이 원리를 이용한 것인데, 장전된 권총처럼 미리 일
(W)을 해놓은 상태(일반적으로 1.5V)로 판매된다. (+)전하와 (−)전하에

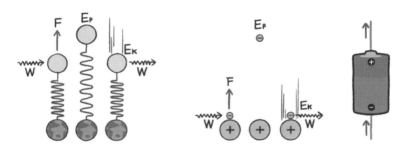

일-중력 퍼텐셜 에너지-운동에너지 전환　　　일-전기력 퍼텐셜 에너지-운동에너지 전환

일을 해서 이 둘을 뜯어놓으면, (−)전하인 전자가 (+)전하로 되돌아올 때 마치 용수철이 원래 모양으로 되돌아올 때처럼 저장된 에너지를 토해낸다.

　단, 화학적 방법으로 건전지 내부로는 전자가 (+)전하를 만나지 못하게 만든다. 따라서 건전지에 외부 전기 회로가 연결되면 그제서야 전자는 건전지의 (−)극에서 나와 회로를 이동해 건전지 (+)극으로 돌아온다. 이때 전기 회로의 전기 저항은 전자의 이동하는 길 위에 기다리고 있다가 전자가 오면 전자의 에너지를 뺏는다.

　우리는 전기 저항이 뺏은 전자의 에너지를 빛에너지, 열에너지, 소리에너지 등 다양한 형태로 전환해서 인간 생활에 유익하게 활용한다. 참고로 전기 저항이 전류의 흐름을 방해한다는 사전적 정의 때문에 부정적으로 인식되는 경우가 많은데, 오히려 전기 저항은 전자의 에너지를 빼앗아 우리에게 주는 고마운 존재이기도 하다.

중력, 전기력, 탄성력이 한 일

탄성력에 대해 한 일은 당연히 운동에너지로 전환되어야 하지만, 대신 용수철에 탄성 퍼텐셜 에너지로 전환되어 저장(장전)된다. 탄성력이 일을 하면(발사) 운동에너지가 변한다. 중력, 전기력, 탄성력도 힘이므로 이들이 일을 하면 다른 힘들처럼 운동에너지를 변화시킨다. 퍼텐셜 에너지 개념 때문에 중력, 전기력, 탄성력은 일을 해도 운동에너지가 변하지 않는다고 잘못 생각하는 경우가 많다. 어떤 종류의 힘이라도 일을 하면 반드시 운동에너지가 변한다는 사실을 강조한 이유가 바로 이것 때문이다.

물체를 들 때 정확히 무게만큼만 힘을 가하는 이유

'물체를 들어 올릴 때 물체의 무게($F=mg$)보다 더 큰 힘을 가해야 하지 않을까?'라는 의문이 들 수 있다. 물론 더 큰 힘을 가하면 더 빠르게 들 수 있지만, 물체의 무게와 똑같은 힘을 가해도 물체를 들 수 있다. 이 차이는 무엇일까?

물체 무게만큼의 힘을 위로 가하면 들어 올리는 힘과 물체의 중력은 힘의 평형을 이룬다.($\Sigma F=0$) 즉 변화가 없다. 정지해 있다면 계속 정지, 올라 간다면 '일정한' 속도로 계속 올라갈 것이다. 바로 이 둘의 임계점이다. 반면 물체의 무게보다 큰 힘을 가하면 이 차이만큼 위쪽 방향으로 가속도가 발생하므로($\Sigma F \neq 0$) 물체는 점점 빠르게 올라간다. 물리에서는 일정한 속도로 올라가는 것이 기준이므로 물체의 무게만큼 힘을 가해서 들어 올린다고 하는 것이다.

세상에 공짜는 없다

에너지 보존

역학적 에너지 보존

물체의 운동에너지와 퍼텐셜 에너지의 합을 역학적 에너지mechanical energy라고 정했다.

$$E_{역학} = E_k + E_p$$

중력, 전기력, 탄성력에 대해 일을 하면(장전) 물체가 가져야 할 운동에너지가 퍼텐셜 에너지로 전환되어 저장된다. 반면에 중력, 전기력, 탄성력이 물체에 일을 하면(장전 풀림) 저장된 퍼텐셜 에너지가 고스란히 운동에너지로 전환된다. 퍼텐셜 에너지가 감소(장전 풀림)하는 만큼 운동에너지가 증가하고, 운동에너지가 감소하는 만큼 퍼텐셜 에너지가 증가(장전)한다. 따라서 운동에너지와 퍼텐셜 에너지의 합인 역학적 에너지는 일정하다. 그러나 마찰력에 대해 일을 하는 경우는 역학적 에너지가 보존되지 않는다. 마찰력은 보존력에 속하는 중력, 전기력, 탄성력처럼 보이지 않는 용수철에 저장하는 개념이 아니기 때문이다. 이를 비보존력이라고 한다.

비보존력의 대표적인 힘이 마찰력이다. 마찰력이 존재하는 수평면에서 물체에 힘을 가해 수평으로 이동시키는 일을 했다고 하자. 일을 받은 물체는 반드시 운동에너지를 가져야 한다. 그러나 물체는 정지해 있다. 이번에도 물체의 운동에너지가 보이지 않는 용수철에 저장되어 있을 것으로 생각하고 물체에 손을 뗐다. 그러나 물체는 여전히 정지해 있다. 즉 물체에 해준 일이 퍼텐셜 에너지로 저장되지 않았던 것이다. 그렇다면 물체가 가져야 할 운동에너지는 어디로 갔을까? 바로 마찰력이 일을 하면서 열에너지, 소리에너지 등 역학적 에너지와 다른 형태의 에너지로 전환된 것이다. 이 에너지는 주변 온도를 상승시키거나 물체를 밀 때의 소리를 만든다.

역학적 에너지를 오로지 운동에너지와 퍼텐셜 에너지의 합으로 정한 이유는 중력, 전기력, 탄성력과 같은 보존력에 대해 일을 하면 운동에너지와 퍼텐셜 에너지의 합이 항상 일정하기 때문이다. 그러나 마찰력, 공기저항력과 같은 비보존력에 대해 일을 하면 전환된 운동에너지는 퍼텐셜 에너지가 아닌 다른 형태의 에너지(특히 열에너지)로 전환되기 때문에 역학적 에너지는 보존되지 않는다. 열에너지는 퍼텐셜 에너지와 달리 스스로 다시 운동에너지로 전환되지 않는다.

에너지 보존 법칙

에너지는 항상 보존된다. 이를 역학적 에너지 보존과 구분해 정확하게 이해해야 한다. 에너지의 중요한 특징 중 하나는 전환이 용이하다는 것이다. 전등 스위치를 켜면 LED 등에서 빛이 발생한다. 스위치를 켜는 동작 하나로 전기에너지가 빛에너지로 전환된 것이다. 손뼉을 치면 운동에너지가 소리에너지와 열에너지로 전환된다.

이 둘만 '역학적 에너지'로 따로 정함

에너지 = (운동에너지+퍼텐셜 에너지) + 열에너지 + 빛에너지 +

소리에너지…. 등등

다른 형태의 에너지도 역학적 에너지 범주에만 들어가지 않을 뿐 엄연히 에너지에 속한다. 따라서 역학적 에너지 범주를 벗어나 전체 에너지 영역으로 확대하면 전체 에너지의 총량은 언제나 보존된다. 이를 에너지 보존 법칙이라고 한다.

에너지 보존 법칙을 보면 이런 의문이 생길 수 있다. 어떤 형태의 에너지로 전환된다 해도 전체 에너지의 총량은 변함이 없는데, 왜 굳이 에너지를 아껴야 한다고 이야기하는 것일까?

역학적 에너지의 요소인 퍼텐셜 에너지는 다시 돌려받아 운동에너지로 바꿀 수 있기 때문에 언제든지 일로 전환이 가능하다. 그러나 일이 100% 열에너지로 전환이 가능한 것과 달리 열에너지는 일로 100% 전환이 불가능하다. 열은 방향성이 제멋대로인 에너지이기 때문이다. 이를 멋지게 표현한 것이 열역학 제2법칙이며 엔트로피가 감소할 수 없다는 것을 의미한다. 갑자기 설명이 어려워졌지만, 이를 이해하기 쉽게 표현하면 다음과 같다.

에너지는 총량은 보존되는데 왜 에너지를 아껴야 할까?
↓
세상엔 돈이 많은데 왜 돈을 아껴야 할까?

에너지는 보존되지만 유용한 에너지는 한정되어 있다.
↓
내가 쓸 수 있는 돈은 한정되어 있다.

지구 온난화와 열역학 법칙

열에너지는 가장 전환되기 쉬운 에너지 형태이자 최종 전환 단계의 에너지이다. 우리가 원치 않아도 열에너지로의 전환은 계속 일어나고 있다. 따라서 에너지를 사용하는 한 지구 온난화는 자연스러운 현상이다. 다만 우리에게 주어진 문제는 온난화의 '진행 속도'다. 우리는 많은 양의 에너지를 폭발적으로 사용하기 때문에 원치 않는 열에너지로의 전환 역시 폭발적이다. 따라서 지구의 평균 기온이 급격히 상승하고 있으며 다양한 부작용들이 계속 나타나게 될 것이다. 여기서 착각하지 말아야 할 것이 있다. 아무리 온난화가 진행되어도 지구는 아무런 문제가 없다. 문제는 지구에 사는 생명체들에게 일어난다. 인간 역시 생명체라는 사실을 잊지 말자.

권총을 장전하고 발사하는 과정에서의
역학적 에너지 보존

총알을 장전하기 위해 총알에 100의 일을 해주었다. 총알이 가져야 할 100의 운동에너지는 현재 총 속에 들어 있는 용수철이 최대로 압축되면서 전부 탄성력 퍼텐셜 에너지로 저장된다. 이제 방아쇠를 당겨 총알을 발사해보자. 용수철이 원래 위치로 돌아오면서 총알에 일을 할 것이다.(단, 마찰력 등에 의해 열에너지, 소리에너지 등으로 전환되는 에너지는 없다.)

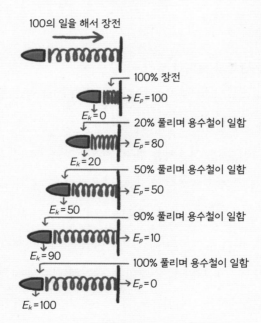

탄성력이 한 일은 총알의 운동에너지로 전환된다.

발사 과정	압축된 용수철 0% 풀림	압축된 용수철 20% 풀림	압축된 용수철 50% 풀림	압축된 용수철 90% 풀림	압축된 용수철 100% 풀림
용수철에 저장된 E_p	100	80	50	10	0
총알에 전달된 E_k	0	20	50	90	100
총 역학적 에너지 $E_p + E_k$	100 + 0 = 100	80 + 20 = 100	50 + 50 = 100	10 + 90 = 100	0 + 100 = 100

　　실제 총알의 발사는 역학적 에너지가 보존되지 않는다. 단순히 마찰력에 의한 열에너지로의 전환 같은 문제가 아니다. 역학적 에너지가 보존된다면 총알은 전혀 위협적일 수 없다. 기껏해야 장전하는 데 필요한 일만큼만 총알의 운동에너지가 되기 때문이다. 장전을 통해 저장된 퍼텐셜 에너지는 총알 자체의 운동에너지 전환에 쓰이는 것이 아니라 공이(뇌관을 때려서 폭발시키는 금속 막대)를 때림으로써 총알 속의 화약을 폭발시키는 데 사용된다. 화약이 폭발하면서 많은 양의 화학 에너지가 총알의 운동에너지로 추가되어 전환된다. 따라서 추가되는 많은 양의 에너지 때문에 역학적 에너지가 보존되지 않으며 이 에너지 때문에 총이 치명적인 무기인 것이다.

우리가 물리학을 공부해야 하는 이유
(feat.광고에 속지 마세요)

에너지의 본질은 무엇일까?

물리학은 에너지를 다루는 학문이라고 했다. 그렇다면 에너지의 진정한 본질은 무엇일까? '일을 할 수 있는 능력' 정도로 정의하는 교과서적인 대답을 원하는 것이 아니다. 사실 현대 물리학에서조차 에너지의 본질은 정확히 설명하기 어렵다. 수학적으로 정의되는 추상적인 양이기 때문이다. 재미있는 사실은, 인류는 정확한 본질도 모르는 에너지를 너무도 능숙하게 다루고 있다.(꼬마전구에 불을 밝히는 것부터 핵폭탄을 만드는 것까지) 마치 사랑이 무엇인지 아무도 그 본질을 알지 못하지만 서로 사랑하며 살아가는 것과 같다. 인류 번영의 시작은 에너지를 자유롭게 다루면서부터라고 이야기해도 과언이 아니다. 현재 양자 역학 기반 기술이 이러한 수순을 밟고 있는 중이다. 양자 물리를 정확하게 알지 못함에도 불구하고 양자 역학 응용 기술은 계속 발전되고 상용화되고 있다.

과학을 빌린 상술

스마트폰 배터리의 전기에너지는 스마트폰 디스플레이 화면의 빛에너지, 통화나 음악에 사용되는 소리에너지, 진동에 사용되는 모터의 운동에너지 등으로 각기 쓰임에 맞게 전환된다. 이때 어쩔 수 없이 열에너지의 전환이 일어난다. 열에너지는 손쉽게 전환되는 가장 최종 형태의 에너지이기 때문이다. 따라서 스마트폰 제조사의 기술력 중 하나는 불필요한 열에너지로의 전환을 최소화하는 것이다. 배터리의 수명 문제뿐만 아니라 정상 작동에 필요한 기본 에너지 양이 충족되어야 하기 때문이다. 이는 에너지 전환이 필요한 다양한 제품에 똑같이 적용되는 사안이며, 완벽하진 않지만 이를 전기적 효율로 계산해서 등급으로 나타낸 것이 '에너지 소비 효율 등급' 개념이다.

열에너지 전환으로부터 자유로운 유일한 전기 제품이 있다. 바로 열에너지 자체를 만들어내야 인정받는 전기 난로다. 따라서 전기 난로는 다른 전기 제품과 달리 에너지 전환 부분에서만큼은 가장 손쉽게 제작할 수 있는 제품이다. 전기 난로 광고를 보면 적은 전기료로 높은 열을 만들어낸다고 하는데 이는 에너지 보존 법칙에 근거했을 때 있을 수 없는 일이다. 전기 난로로 들어가는 전기에너지가 난로 스위치 LED의 빛에너지로 전부 전환되지는 않을 것이기 때문에, 전기에너지는 거의 전부 열에너지로 전환된다고 봐도 무방하다. 따라서 열을 많이 내는 난로를 원한다면 당연히 전기에너지를 많이 소비하는 제품을 구입해야 한다. 만약 전기에너지 소비 없이 열에너지를 많이 발생시킬 수 있다면 이는 과학이 아닌 요술이다.

과학을 빌린 상술은 이뿐만이 아니다. LED 마스크는 특정 파장의 LED 광원을 피부에 쬐여 피부 내에서 생화학적 반응을 촉진하고, 콜라겐과 엘라스틴을 생성해서 피부 탄력을 살리고 주름이 생기는 것을 막는다고 광고한다. 그렇다면 과연 특정 파장이란 어떤 파장을 말하는 것인가? LED 마스크에서 나오는 빛은 색깔이 눈에 보인다. 즉 '가시광선'인 것이다. 가시광선이 피부 재생의 효과가 있다면 일상생활을 하며 햇빛만 쬐여도, 방 천장에 달린 조명을 받아도, 하물며 화면이 나오고 있는 스마트폰을 얼굴에 가져다 대도 피부가 살아나는 효과가 동일하게 나타나야 한다. 이런 논리라면 빛이 있어 사물이 눈에 보이는 모든 환경이 전부 LED 마스크인 셈이다. 차라리 열선인 적외선이나 살균에 사용되는 자외선, 혹은 전자레인지에 사용되는 마이크로파라면 모를까 가시광선은 해도 너무한 것이다.

특정 파장이란 것이 어떤 파장인지 구체적이지 않으며 이러한 파장이 있다 한들 현재 LED 기술로 어떻게 구현해낼 것인가? 태양 전지는 LED와 구조가 동일하다. 태양광 발전의 효율이 낮은 이유는 태양빛의 광전효과가 모든 진동수(파장)에 반응해 일어나지 못하기 때문이다. 만약 다양한 영역의 파장에 반응하는 p-n접합 태양전지를 만들 수 있다면 인류의 에너지 문제는 태양 전지 하나로 해결될 수도 있을 것이다. 억울한 것은 이미 우리가 중고등학교 물리 시간에 '파동' 단원을 배우며 '가시광선'과 관련한 내용을 익혔다는 것이다. 학교 공부가 소용없는 것이 아니라 학교에서 공부했던 것을 일상에 적용하지 못하는 것이 한이 될 뿐이다.

대기업을 향한 믿음과 과학적이라는 말이 주는 신뢰가 사람들을 움직였을 것이다. 하지만 결국 LED 마스크의 인기는 곧 사라질 것이라 예상한다. 혹시나 하는 마음에 구입한 사람들이 실제 사용을 해보고 자신만의 결과를 도출하는 순간이 그 시점이 될 것이다. 그러나 기업 입장에서는 이 시기가 찾아오더라도 별 문제가 없다. 앞으로도 다른 형태의 그럴듯한 가짜 과학을 빌려 제품을 만들 요소는 무궁무진하기 때문이다. 그러므로 방심은 금물이다. 가짜 과학으로 만들어진 상술은 앞으로도 계속될 것이다.

물리학은 분명 어려운 학문이다. 하지만 세상의 모든 물체의 운동을 뉴턴의 3가지 법칙으로 전부 설명할 수 있다는 것에 경이로움을 느낀다. 이 책에서는 뉴턴의 3가지 법칙 외에도 더 많은 내용을 다뤘지만, 운동량은 힘의 시간적 적용, 에너지는 힘의 공간적 적용으로 본다면 뉴턴 제3법칙의 논리적 연장이라 할 수 있는 것이다.

뉴턴 이후 또 한 명의 물리학 천재가 등장해 물체의 운동 원인을 시공간으로 설명했는데, 이 천재가 바로 아인슈타인이다. 뉴턴은 높은 곳에 둔 물체가 아래로 떨어지는 이유를 지구의 중력이라는 힘으로 설명하는 반면, 아인슈타인은 일반상대성이론에서 거대한 질량에 의한 시공간의 왜곡으로 설명한다. 즉 지구라는 거대한 질량이 시공간을 왜곡해 휘어진 상태로 만들고, 그곳에 놓인 또 다른 물체는 단지 지구에 의해 휘어진 시공간을 따라 이동하는 것이다.

영화는 주인공의 이야기에 초점을 맞추지만, 동시에 시대적 배경을 같이 보여준다. 주인공이 왜 이러한 행동과 결정을 했는지 그 이유는 주인공의 내적 원인에 기인할 뿐만 아니라, 주인공이 처한 환경 및 시대적 배경 같은 외적 요인에도 기인한다. 영화로 비유하자면 뉴턴은 주인공인 물체 자체를 조명한 사람이다. 반면 아인슈타인은 왜 주인공이 그렇게 운동을 해야만 했는지에 대해 주인공이 처한 상황에 해당하는 환경과 배경(시공간)을 조명한 사람이다. 이렇게 자연이라는 블록버스터 영화는 인간에 의해 거의 완벽하게 해석되었다.

물리학을 공부하는 길은 길고 험하기에 바빠 서두르고 싶겠지만, 역학을 건너뛰고 물리학을 공부할 수는 없다. 최첨단 현대사회를 사는 우리에게 아직도 고전 역학이 가장 어려운 부분으로 남아 있는 이유는 생각과 논리의 학문인 물리학이 주입식 교육의 희생양이 되면서부터일지 모른다. 공식은 암기하는 것이 아닌 만드는 것이며, 암기는 하는 것이 아닌 되는 것이다. 생각하는 과정 없이 오로지 공식을 암기하는 교육은 물리학에 대해 트라우마를 가진 사람들만 양성할 것이며 물리학 발전에도 커다란 장애가 될 것이다.

이 책에서는 고급 단계의 수학과 그래프를 사용하지 않고 오로지 사칙연산(+, −, ×, ÷)만으로 핵심적인 역학 개념을 마무리했다. 2차원 원운동과 회전 역학을 다루지 않았다는 아쉬움도 있지만, 열역학, 유체역학, 파동역학 등 물리학의 주제와 개념은 아직도 무궁무진하다. 물리학에서 가장 중요한 기본이자 기초 개념을 확립할 수 있도록 도와주는 선에서 쉼표를 찍으려고 한다. 여러분에게 더 많은 것을 알려주고 싶은 욕심과, 한번에 밀려드는 지식으로 여러분을 혼란스럽게 만들고 싶지 않은 마음이 공존하기 때문이다.

처음부터 복잡한 것은 세상에 없다는 것을 느꼈다면, 공식을 혼자 힘으로도 만들 수 있다는 생각이 조금이라도 들었다면, 공중에서 떨어뜨린 물체의 3초 뒤 속도는 약 30m/s임이 이제 고민 없이 바로 떠오른다면, 마지막으로 물리학이 생각보다 쉽고 재미있다는 것을 느꼈다면 이 책의 목표는 훌륭하게 달성된 것이다. 다시 만날 날을 기대하며….

참고 문헌

Advanced Engineering Mathematics 8th Edition, Erwin Kreyszig, John Wiley & Sons, 1998

Classical Dynamics of Particle and Systems 4th Edition, Jerry B. Marion, Stephen T. Thornton, Saunders College Publishing, 1995

College Physics, Alan Giambattista, Betty McCarthy Richardson, McGRAW Hill, 2019

Conceptual Physics 9th Edition, Paul G. Hewitt, Addison-Wesley, 2001

Contemporary College Physics 2nd Edition, Edwin R. Jones, Richard L. Childers, Addison-Wesley, 2000

Differential Equations with Boundary-Value Problems 5th Edition, Dennis G. Zill, Michael R. Cullen, Brooks/Cole, 2000

Electromagnetic Fields 2nd Edition, Roald K. Wangsness, John Wiley & Sons, 2007

Foundation of Electromagnetic Theory, John R. Reitz, Frederick J. Milford, Robert W. Christy, Addison-Wesley, 1992

Fundamentals of Physics 6th Edition, David Halliday, Robert Resnick, Jearl Walker, John Wiley & Sons, 2000

Fundamentals of Solid State Physics, J. Richard Christman, John Wiley & Sons, 1987

Fundamentals of Statistical And Thermal Physics, Federic Rief, McGRAW Hill, 2008

Introductory Nuclear Physics, Kenneth S. Krane, John Wiley & Sons, 1987

Introductory Quantum Mechanics 3rd Edition, Richard L. Liboff, Addison-Wesley, 1997

Mathematical Method for Physicists A Concise introduction, Tai L. Chow, Cambridge, 2000

Mathematical Method for Physicists, George B. Arfken, Hans J. Weber, Academic Press, 2000

Modern Physics 2nd Edition, Kenneth S. Krane, John Wiley & Sons, 1995

Modern Physics 2nd Edition, Raymond A. Serway, Clement J. Moses, Curt A. Moyer, Saunders College Publishing, 1997

Opthics 3rd edition, Eugene Hecht, Addison-Wesley, 1998

Partial Differential Equations An Introduction, Walter A. Strauss, John Wiley & Sons, 2007

Physics Giancoli 6th Editon, Douglas C. Giancoli, Pearson, 2005

Quantum Physics 2nd Edition, Stephen Gasiorowicz, John Wiley & Sons, 1995

The Feynman Lectures on Physics, Vol. I, Richard Feynman, Robert Leighton, Matthew Sands, Addison-Wesley, 1977

University Physics, Hugh D. Young, Addison-Wesley, 2007

《과학자들. 1》, 김재훈, 휴머니스트, 2018

《대학물리 역학편》, 차동우, 북스힐, 2007

《일반물리학》, Francis W. Sears, Mark D. Zemansky, 김용은 외 편역, 대웅, 1998

《파인만 씨, 농담도 잘하시네. 2》, 리처드 파인만, 김희봉 역, 사이언스북스, 2000

《프린키피아. 1, 2, 3》, 아이작 뉴턴, 이무현 역, 교우사, 2016